AF545761

Impulskontrolle bei Hunden

Das Praxisbuch

Wie Sie Ihrem Hund helfen, effektiv Instinkte zu kontrollieren, seine Köpersprache genau verstehen und eine harmonische Beziehung aufbauen

Alexander Gietzen

ISBN: 978-3-969304075

Email: info@edition-lunerion.de
www.edition-lunerion.de

Psiana eCom UG
Berumer Str. 44
26844 Jemgum

INHALT

Vorwort

Liebe Leserin, lieber Leser,

Wie ist der ideale Hund?

Viele Menschen beantworten diese Frage damit, dass ihr Hund am liebsten von Anfang an ihr bester Freund sein soll und einen lieben und freundlichen Charakter hat. Zudem soll er kein Kläffer sein, nicht beißen, immer brav an der Leine laufen und ist insgesamt von einem pflegeleichten Wesen. Fakt ist jedoch: Diesen Hund gibt es nicht oder zumindest nur teilweise!

Die Hauptbeschäftigung eines Hundehalters sowie seines Hundes besteht somit aus jeder Menge Erziehungs- und Bindungsarbeit. So, wie wir es bereits zwischenmenschlich von uns selbst kennen, muss auch die Beziehung zwischen Mensch und Hund erst langsam wachsen. Dafür werden Sie vor allem sehr viel Zeit, Geduld, Vertrauen und Training brauchen, um letztendlich einen Hund zu erhalten, der Ihrer Idealvorstellung entspricht. Doch was macht das Zusammenleben mit einem Hund eigentlich so schwierig? Der Mensch ist ein Wesen, das von seinem Verstand gesteuert wird.

Das Handeln des Menschen ist somit primär von logischen Gedanken, von Lernfortschritten, die auf der Aneignung von Wissen beruhen, und von Selbstreflexion geprägt. Dabei verfügt der Mensch auch mit der Zeit über die Fähigkeit, seine Bedürfnisse zu kontrollieren.

Bei einem Hund handelt es sich dagegen um ein Wesen, welches sich vor allem von seinen Sinnen und angeborenen Instinkten leiten lässt. Hunde verlassen sich also auf natürliche Verhaltensmuster und können diese daher auch nur bedingt kontrollieren und auch nicht auf beliebige Situationen übertragen.

An dieser Stelle tritt nun ein ganz zentraler Begriff in den Vordergrund, der auch das Hauptthema dieses Buches darstellt: die Impulskontrolle – die Fähigkeit des Hundes, sich nicht nur auf seine Instinkte zu verlassen, sondern diesen Impulsen zu widerstehen und sich selbst zu kontrollieren. Vielleicht haben Sie sich diesen Ratgeber gekauft, weil Sie Hunde-Neuling sind und ganz generell herausfinden wollen, welcher Typ Hund aufgrund seines Verhaltens am besten zu Ihnen passt. Oder Sie sind schon stolzer Hundebesitzer und haben festgestellt, dass die Harmonie zwischen Ihnen und Ihrem Vierbeiner verbessert werden könnte, und möchten daher lernen, wie Sie zu einem echten Team heranwachsen. Vielleicht existieren jedoch auch ein paar handfeste Probleme im Alltag mit Ihrem Hund, für die Sie sich eine schnelle Lösung erhoffen. Für alle diese Fälle sei daher gesagt, dass Sie in diesem Buch mit Sicherheit viele wertvolle Tipps, Informationen und Trainingsanregungen finden werden. Letztendlich geht es nämlich immer zuerst darum, den Hund und sein jeweiliges Verhalten – sei es positiv oder negativ – zu verstehen und auf dieser Grundlage aufzubauen.

Ich wünsche Ihnen daher nun viel Freude bei der Lektüre dieses Ratgebers und vor allem viel Freude beim gemeinsamen Training mit Ihrem Hund, der ja bekanntlich meistens doch irgendwann im Leben zum besten Freund des Menschen wird!

Zu impulsiv?

Der Hund ist die Tugend, die sich nicht zum Menschen machen konnte.
Victor Hugo (1802-1885)

Unter einem Impuls versteht man ganz generell etwas, was uns innerlich antreibt, um eine bestimmte Handlung auszuführen oder ein bestimmtes Verhalten zu zeigen. Schaut man sich dabei die Wortherkunft des Wortes „Impuls" an, stellt man fest, dass es sich aus dem Lateinischen von „impulsus" ableitet und so viel bedeutet wie „unter dem Einfluss von...". Genauso lässt sich das Wort auch auf das Verhalten von Hunden übertragen.

Die Impulskontrolle beim Hund ist besonders wichtig, da man einen Hund, der seine Impulse nicht kontrollieren gelernt hat, schlecht in seinen Alltag integrieren kann. Gibt der Hund ständig seinen Instinkten nach, lässt sich ablenken und ist impulsiv, ist das nicht nur nervig, sondern der Hund gefährdet damit auch sich und seine Umwelt. Deshalb ist es besonders wichtig, dass der Hund über eine gewisse Selbstkontrolle verfügt und lernt, seine Handlungen und Emotionen zu kontrollieren.

Im Alltag gibt es oft Situationen, in denen der Hund den Impuls verspürt, etwas zu tun. Ein klassisches Beispiel ist das Ballspielen. Sie sind mit Ihrem Hund im Garten und werfen den Ball. Der Hund darf allerdings nicht sofort losrennen, sondern muss auf Ihr OK warten, den Ball zu holen. Der Hund muss also den Impuls, direkt hinter dem Ball herzurennen, unterdrücken. Ein anderes Beispiel ist die Fütterung. Sie stellen den gefüllten Napf vor den Hund, dieser darf aber erst nach Ihrem Einverständnis anfangen, zu fressen. Auch in dieser Situation muss der Hund seinen natürlichen Impuls unterdrücken. Die Frustrationstoleranz spielt in solchen Situationen eine ganz entscheidende Rolle. Bei der Frustrationstoleranz geht es darum, dass der Hund einen Wunsch hat, dieser ihm aber nicht sofort erfüllt wird und er das dann aushalten muss, ohne beispielsweise kopflos in die Leine zu rennen oder ungeduldig und schlecht gelaunt zu sein. Es geht also vorrangig darum, den Frust zu ertragen, während es bei der Impulskontrolle eher um die Selbstbeherrschung des Hundes geht. Jeder Hund ist hierbei unterschiedlich. Während einigen Hunden von Natur aus die Impulskontrolle leichter fällt und sie über eine hohe Frustrationstoleranz verfügen, gibt es Hunde, die diese erst erlernen müssen. Die Fähigkeit zur Impulskontrolle ist hauptsächlich abhängig von 4 Faktoren:

Einflussfaktoren der Impulskontrolle

Der 1. Faktor ist der **Körperbau**. Dabei gilt, je größer und kräftiger ein Hund ist, desto leichter wird es ihm fallen, ruhig zu bleiben und sich nicht irritieren oder ablenken zu lassen. Kleine Hunde sind dagegen zumeist wesentlich agiler und neigen daher auch viel häufiger zu Impulsivität.

Der 2. Faktor ist das **Alter**. Auch hier gilt: Je jünger der Hund ist, desto weniger Impulskontrolle hat er, da das Gehirn noch nicht vollständig entwickelt ist.

Der 3. Faktor ist die **Rasse**. Jede Rasse wurde ursprünglich für einen ganz bestimmten Zweck gezüchtet, so ist es nicht verwunderlich, dass jede Rasse auch ihr ganz eigenes Wesen besitzt. Während sich einige Rassen mit der Impulskontrolle leicht tun, haben andere Rassen hierbei typischerweise größere Schwierigkeiten. Herdenschutzhunde sind beispielsweise geduldig, eigenständig und territorial, da sie zum selbstständigen Bewachen der Herde gezüchtet wurden. Hütehunde dagegen sind eher sensibel, gehorsam und flink, da sie auf kleinste Befehle des Hirten hören müssen und so die Herde zusammenhalten. Der Dackel als typischer Jagdhund gilt als lebhaft, ausgeglichen und selbstsicher. Bei solch unterschiedlichen Charaktereigenschaften ist es verständlich, dass die verschiedenen Rassen auch ganz unterschiedlich auf die Impulskontrolle ansprechen.

Der letzte – und häufig ein sehr unterschätzter – Einflussfaktor ist **Stress**. Ein Tier, das generell unter Stress steht, wird es vergleichsweise auch schwerer haben, seine Impulse zu kontrollieren, als ein ausgeglichener Hund. Daher ist es absolut wichtig, dass Sie Ihrem Hund feste Abläufe und eine gewohnte Routine bieten können, aber auch Pausen sind wichtig, ohne ihn dabei zu vernachlässigen.

Beim Trainieren der Impulskontrolle Ihres Hundes sollten Sie bedenken, dass das Training für Ihren Vierbeiner sehr anstrengend ist. Daher sind viele Pausen notwendig und auch ein stundenlanges Training wird wenig Erfolg haben. Der Hund wird sich irgendwann nicht mehr konzentrieren können und die Impulsivität siegt über die Selbstbeherrschung. Dosieren Sie deshalb diese Übungseinheiten mit Bedacht. Überlegen Sie sich am besten zunächst die Situationen, in denen es Ihnen besonders wichtig ist, dass der Hund sich kontrolliert und benimmt, und beschränken Sie sich auf die Übung dieser, sodass Sie Ihren Hund nicht in zahlreichen Situationen mit der Selbstkontrolle unter Druck setzen. Wie bereits angesprochen, sind zu einer Verbesserung der Impulskontrollfähigkeit ebenfalls geregelte Tagesabläufe und Gewohnheiten genauso wichtig wie längere Pausen, in denen der Hund einfach er selbst sein darf und nicht ständig korrigiert wird. Ebenfalls zu bedenken ist, dass der Hund sein Verhalten nicht auf unterschiedliche Situationen übertragen kann.

Klappt das Warten vor dem Futternapf mittlerweile sehr gut, heißt das nicht, dass das genauso gut mit dem Reh beim Spaziergang oder mit der Nachbarkatze klappt.

Sie sollten mit einfachen Übungen beginnen, die Ihren Hund nicht überfordern, und dann langsam den Schwierigkeitsgrad der Übungen erhöhen. So überfordern Sie Ihren Hund nicht und die Erfolge stellen sich am schnellsten ein. Eine positive Belohnung mit dem Lieblingsspielzeug oder einem Leckerli verstärkt zudem das gewünschte Verhalten. Bestrafung hingegen sorgt für Stress beim Hund und verschlechtert folglich dann auch die Impulskontrolle Ihres Hundes.

Im Folgenden werden nun unter anderem die einzelnen Aspekte der Impulskontrolle bei Hunden sowie Trainingstipps und Übungen zur Verbesserung der Impulskontrolle näher beschrieben und erläutert. Viel Spaß damit!

Trainingsgrundlagen

WIE HUNDE LERNEN & WARUM EINE GUTE BINDUNG WICHTIG IST

Möchte man seinem Hund etwas beibringen, wie z. B. kleine Tricks, oder möchte man ein unerwünschtes Verhalten abstellen, dann muss man vor allem verstehen, wie ein Hund lernt. Das Lernverhalten kann bei Hunden nämlich genauso unterschiedlich sein wie bei uns Menschen.

Lernen beschreibt einen Erfahrungsprozess, der zu einer Veränderung des eigenen Verhaltens bei einem Individuum führt. Also ist es eine Verhaltensmodifikation aufgrund von Erfahrungen. Ziel ist dabei immer, den eigenen Zustand zu verbessern. Lernen ist, vor allem bei Tieren in der freien Wildbahn, überlebenswichtig! Es dient der besseren Anpassung eines Lebewesens an seine Umwelt.

Es gibt ganz unterschiedliche Lernformen, die sich z. B. in Faktoren wie der Stabilität des Erlernten, den beteiligten neuronalen Strukturen, dem zeitlichen Ablauf sowie dem Kontext unterscheiden. Typische Lernformen sind z. B. die Gewöhnung, die Sensibilisierung, das Nachahmen bestimmter Verhaltensmuster oder die klassische und operante Konditionierung, bei welchen man eine Verknüpfung zwischen Reizen und bestimmten Verhaltensweisen durch Wiederholung herstellt. Doch nicht nur Menschen brauchen gewisse Voraussetzungen, um aufnahmefähig für etwas Neues zu sein. Auch Hunde brauchen eine Lern-Atmosphäre, die Grundvoraussetzung dafür ist, dass der Hund überhaupt etwas Neues lernen kann. Der Wohlfühlfaktor spielt dabei eine sehr wichtige Rolle. Die Stimmung sollte fröhlich und nicht angespannt sein. Gefühle wie Angst, Furcht oder auch zu großer Druck führen dazu, dass unter diesen Bedingungen kaum gelernt werden kann. Auch eine zu große Erregung in Form von Unsicherheit oder auch positiver Aufregung, sowohl beim Mensch als auch beim Hund, sollte vermieden werden. Die Umgebung ist ein weiterer wichtiger Faktor. In einer Lernsituation sollte sich der Hund ganz auf Sie konzentrieren können. Ablenkungen in akustischer oder optischer Form führen zu Störungen und das Gelernte kann sich nicht festigen.

Als letzter Punkt ist auch das körperliche Wohlbefinden des Hundes zu nennen. Der Hund sollte vor einer Trainingseinheit fit sein. Wir kennen das von uns selbst: Sollen wir auf der Arbeit eine Aufgabe erfüllen, sind aber körperlich durch beispielsweise Kopf- oder Rückenschmerzen abgelenkt, so kann sich das sehr lange hinziehen und auch das Endergebnis ist unter solchen Umständen oft nicht optimal. Man tut sich einfach schwerer als sonst. Genauso ist es auch bei Ihrem Hund. Sollten Sie bemerken, dass Ihr Vierbeiner sich körperlich unwohl fühlt, so ist eine Trainingseinheit lieber zu verschieben. Das Lernen wird Ihrem Hund so sehr schwerfallen und nicht das gewünschte Ergebnis bringen.

Neben dem Wohlfühlfaktor spielt auch die Motivation eine entscheidende Rolle bei Lernprozessen. Motivation beinhaltet die Beweggründe, die einen Hund dazu bringen, ein bestimmtes Verhalten auszuführen. Diese Gründe können genauso unterschiedlich sein wie das Wesen der Hunde.

Einige Hunde lassen sich besonders gut durch Leckerlis motivieren, andere tun alles für ein kurzes Spiel mit dem Lieblingsspielzeug und der dritte möchte einfach nur gefallen und tut alles für ein Lob und eine kurze Streicheleinheit des Besitzers. Schaffen wir es nicht, den Hund mit Begeisterung und einer positiven Erwartungshaltung für neue Verhaltensweisen zu motivieren, so bleibt letzten Endes nur Druck und Einschüchterung. Das ist nicht nur unschön und unprofessionell, sondern zerstört auch gleich zu Beginn die bereits angesprochene Wohlfühlatmosphäre. Das unter Druck Gelernte wird nicht zum gewünschten Erfolg führen. Im Folgenden finden Sie einige wissenswerte Details zum Thema: „Wie Hunde am besten lernen“:

Tipp 1: Hunde lernen am besten spielerisch, das liegt in ihrer Natur. Schon als junge Welpen lernen sie im Sozialspiel Regeln im Umgang mit anderen Hunden und bestimmte Verhaltensweisen, die z. B. ein Weiterspielen garantieren oder zum Spielabbruch führen.

Tipp 2: Hunde lernen kontextbezogen und stellen schnell Verknüpfungen her. Ein Beispiel könnte hier eine Weide mit Pferden sein. Der Hund ist interessiert, nähert sich den Pferden und kommt in Berührung mit dem Stromzaun. Und schon ist die negative Verknüpfung zu Pferden hergestellt. Achtung: Bei zukünftigen Begegnungen könnte er mit Angst, Vermeidung, aber auch mit Aggression reagieren.

Tipp 3: Hunde generalisieren schnell. Eine schlechte Erfahrung mit einer dunkel gekleideten Person kann dazu führen, dass der Hund in Zukunft alle dunkel gekleideten Menschen meidet oder gar Angst vor ihnen hat.

Tipp 4: Viele Wiederholungen und kurze Trainingseinheiten mehrmals am Tag führen zu besseren Ergebnissen. Es ist effektiver, mehrmals am Tag für 5 Minuten zu trainieren, als eine lange Trainingseinheit über 2 Stunden durchzuführen. Eine neue Verhaltensweise wird besser verinnerlicht durch zahlreiche Wiederholungen. Auch Pausen, um das Gelernte zu verarbeiten, sind sehr wichtig.

Tipp 5: Das richtige Maß an Motivation kann entscheidend sein. Ist die Motivation zu hoch, findet kein Lernen statt, ist die Motivation zu gering, findet ebenfalls kein Lernen statt. Hunde, die Hunger haben, können sich z. B. nicht gut auf das Training konzentrieren, da der Fokus auf den Leckerlis liegt und nicht auf der zu erlernenden Verhaltensweise. Ist der Hund satt, so sind die Leckerlis keine große Motivation. Finden Sie also den richtigen Deprivationslevel.

Tipp 6: Der Hund lernt 24 Stunden am Tag. Auch wenn Sie keine Trainingseinheit absolvieren, lernt der Hund bestimmte Verhaltensmuster. Er lernt sogar im Schlaf, wenn er die gelernten Verhaltensweisen verarbeitet. Seien Sie sich dessen bewusst.

MENSCH UND HUND: EINE TIEFE BINDUNG

Der Grauwolf ist der nächste Vorfahre des heutigen Haushundes. Er ist ein erfolgreicher Jäger, da er Eigenschaften wie Stärke, Flexibilität, Robustheit und Intelligenz in sich vereint. In der Geschichte der Evolution ist er einer der Top-Prädatoren, also ganz oben in der Nahrungskette zu finden. Zudem ist der Wolf das am weitesten verbreitete Raubtier der Erde.

Trifft der Wolf in der Geschichte das erste Mal auf den Menschen, so lässt er diesen nicht mehr aus den Augen und beobachtet ihn genau. Denn auch der Mensch ist ein sehr erfolgreicher Jäger und genau wie der Wolf auf Großwild spezialisiert. Häufig teilen beide das gleiche Jagdrevier und kommen sich dabei sogar in die Quere. Zunächst stehen sich Wolf und Mensch also als Nahrungskonkurrenten gegenüber. Erst als extreme Klimaphasen wie Eiszeiten die Jagdbedingungen erschweren, macht der Wolf einen entscheidenden Schritt und nähert sich den Menschen. Die weniger scheuen Tiere kommen den Lagerplätzen der Menschen sehr nahe und wühlen in ihren Abfällen, um an Nahrung zu gelangen. Der Hunger der Wölfe ist größer als die Furcht vor den Menschen.

Die Menschen lassen die Wölfe gewähren und so kommt es ganz allmählich zu einer Gewöhnung der beiden Spezies aneinander. Sie gehen eine Zweckbeziehung ein. Die Menschen tolerieren die Wölfe in ihrer Nähe und nutzen sie im Gegenzug als Frühwarnsysteme gegen wilde Tiere wie Bären oder folgen ihnen, wenn sie Beutetiere wittern. Diese Zusammenarbeit beschleunigt die Beziehung und so entwickelt sich der sogenannte Lagerwolf, ein Tier, das nicht völlig gezähmt, aber dennoch im Umgang mit den Menschen erfahren ist. Zu ersten wirklichen „Zähmungen" kommt es dann wahrscheinlich durch die Aufnahme von Welpen in die Menschenfamilien. Erst im Laufe der Zeit domestizierte der Mensch die Wölfe zu zahmeren Hunden.

Warum die Beziehung zwischen Mensch und Hund bis heute so innig ist und der Hund ganz zurecht seinen Ruf als bester Freund des Menschen hat, liegt sicherlich daran, dass der Wolf uns ungemein ähnlich ist. Sowohl Menschen als auch Wölfe sind sogenannte Kleingruppenwesen. Sie leben also in kleinen Gruppen, bilden dort sehr starke soziale Bindungen aus und kooperieren miteinander. Aggression innerhalb dieser Gruppen ist kaum vorhanden und richtet sich eher gegen Artgenossen, die nicht dem gleichen Rudel angehören. Eine gleiche Lebensweise verfolgten Menschen vor 45.000 Jahren. Mit hoher Wahrscheinlichkeit ist das einer der wichtigsten Gründe, warum sich der Wolf und der Mensch vor so langer Zeit gefunden haben.

Warum Ihr Hund einen starken Menschen braucht

Das Besondere am Zusammenleben von Mensch und Hund ist, dass die ungleichen Partner aus Sicht des Hundes ein Rudel bilden. In der Tierwelt ist das eine unvergleichliche Beziehung, da Tiere, die unterschiedlichen Spezies angehören, in der Regel kein Rudel zusammen bilden. Doch dem Hund ist das egal, er ist offen dafür und unkritisch – und genau das lieben wir an unseren Vierbeinern. Der Hund, der mit Schafen aufwächst, akzeptiert diese als sein Rudel. Der Hund, der in der Familie mit Katzen und Kindern aufwächst, akzeptiert diese ebenfalls als sein Rudel. Der Hund macht in dieser Hinsicht keinen Unterschied, was ihn als Begleiter für den Menschen so attraktiv macht. Denn ihm ist egal, wie sein Halter aussieht, ob er viel Geld hat oder welchen Beruf er ausübt. Das macht ihn zu einem verlässlichen und treuen Begleiter.

Hunde sind auch in ihrem Sozialverhalten dem Menschen sehr ähnlich. So verstehen es Hunde, die Mimik des Besitzers zu deuten und auch darauf zu reagieren. Durch diese gleichen Fähigkeiten kommt es oft zur Vermenschlichung des Hundes. Jedoch führen unklare Regeln und Inkonsequenz dazu, dass der Hund seinen Besitzer mehr als Kumpel ansieht und nicht als den Rudelführer. Doch eines muss sich der Besitzer eines Hundes unbedingt bewusst machen: Der Hund fühlt sich nur wohl, wenn eine klare Hierarchie herrscht, so, wie das in der Natur in seinem Rudel auch der Fall ist. Bei aller Menschlichkeit darf man nicht vergessen, dass man ein Tier vor sich hat, welches klare Strukturen sucht und braucht.

Die meisten Hunde möchten die Führung des Rudels gar nicht übernehmen, tun dies aber zwangsläufig, wenn der Besitzer diese Aufgabe nicht erfüllt. Einen Anführer, der sagt, wo es lang geht, muss es in jedem Rudel geben! Das Zusammenleben kann allerdings zu jeder Zeit neu geregelt werden. Wir müssen nur unser Verhalten gegenüber dem

Hund ändern. Ein hoher Status im Rudel ist auch Voraussetzung dafür, Entscheidungen zu fällen und diese durchzusetzen.

Zeit, Kontinuität & Klarheit

Drei Schlagworte, die in der Hundeerziehung besonders wichtig sind. Hundeerziehung braucht Zeit. Sollten Sie gerade erst mit dem Training Ihres Hundes begonnen haben, seien Sie nicht ungeduldig. Der Hund braucht eine gewisse Zeit, um Verhaltensweisen zu lernen, und ebenso viel, bis diese sich wirklich gefestigt haben. Jeder kennt das: Der Hund hat ein neues Kommando gelernt oder man trainiert mit dem Hund die Stubenreinheit. Nach einer gewissen Zeit läuft das auch sehr gut und man denkt: „Jawohl, er hat's verstanden", und dann kommen Tage, an denen der Hund komplett vergessen hat, was man die letzten Wochen trainiert hat. Aber auch hier sollten Sie nicht ungeduldig werden. Nicht nur Hunde, sondern alle Tiere machen beim Training Rückschritte und das ist ganz normal. Brechen Sie in einem solchen Fall also das Training lieber ab und versuchen Sie es am nächsten Tag noch einmal. Es werden die Tage kommen, an denen der Hund sich wieder erinnert, was er die letzten Wochen gelernt hat.

Genauso wichtig ist der Faktor Zeit aber auch, wenn Sie sich einen neuen Hund holen. Starten Sie am besten nicht sofort mit dem Training, warten Sie aber auch nicht zu lange. Der Hund muss erst einmal in seinem neuen Zuhause ankommen. Er muss zudem eine Beziehung zu Ihnen aufbauen. Das Training kann dabei helfen, wundern Sie sich allerdings nicht, wenn es zunächst vielleicht nicht ganz so gut läuft. Sie müssen sich vorstellen, dass Sie jetzt noch ein Fremder für den Hund sind, der versucht, ihm etwas beizubringen. Dass er Ihre Autorität zunächst in Frage stellt, ist leicht zu verstehen. Geben Sie dem Neuankömmling einfach etwas Zeit, sich an alles zu gewöhnen. Vor allem mit klaren Strukturen und Tagesabläufen kann man diesen Prozess beschleunigen.

Ihr Training muss natürlich auch Kontinuität haben. Es bringt nichts, 3 Tage zu trainieren und dann 2 Wochen Pause zu machen, bis die nächste Trainingseinheit startet.

Der Hund wird über diese Zeit viele Dinge vergessen haben, daher ist Kontinuität wichtig. Kurze Einheiten jeden Tag bringen die größten Fortschritte. Dabei sollten diese nicht länger als 5 Minuten andauern, dafür können sie aber mehrmals täglich wiederholt werden. Das wird die größten Lernerfolge erzielen.

Ebenfalls wichtig ist die Klarheit. Der Hund wird Sie nicht verstehen, wenn Sie nicht eindeutige Kommandos geben. Genauso wichtig ist es, den Hund nicht totzureden. Bitte erklären Sie ihm nicht, wieso, weshalb, warum er etwas nicht tun soll. Der Hund bekommt das Kommando und hat zu hören. Ihre Geschichten wird er in allen Einzelheiten nicht verstehen und er ist am Ende wahrscheinlich nur verwirrt. Ein weiterer wichtiger Punkt: Stehen Sie zu Ihrem Wort. Sie können dem Hund nicht ein bestimmtes Verhalten verbieten und am nächsten Tag ist das gleiche Verhalten erlaubt. Ihr Hund wird das zum einen nicht verstehen können und zum anderen lässt ihn das an Ihrer Glaubwürdigkeit zweifeln. Im schlimmsten Fall stellt er Sie als Rudelführer in Frage.

Von Führungspersönlichkeiten: Sie sind der Anführer!

Die wissenschaftliche Definition eines Rudels lautet: „Ein Rudel ist eine Gruppe von miteinander verwandten Tieren…“. Rein wissenschaftlich gesehen ist es also eigentlich nicht möglich, dass der Hund den Menschen als Rudelführer ansieht. Dennoch sind Hunde keine Wölfe. Man kann davon ausgehen, dass der Hund die sozialen Regeln und Formen auf den Menschen überträgt und sich an ein Leben mit dem Menschen angepasst hat. Im besten Fall sollten Sie also der Anführer des Rudels sein, da unsere Gesellschaft nun einmal eine menschliche Gesellschaft ist und nur der Mensch die Regeln und Gefahren dieser kennt.

„Der Stärkste hat das Sagen" ist eine alte und längst überholte Sichtweise der Wissenschaft. Dennoch müsste demnach der Mensch vor allem Stärke zeigen, um von dem Hund als Anführer akzeptiert zu werden. Im Hinterkopf hat man dabei immer das Wolfsrudel in der freien Natur, das Alpha-Männchen, welches das beste Futter sowie die besten Schlafplätze für sich beansprucht und für das ganze Rudel bestimmt, was getan wird. Artgenossen, die sich nicht an diese Regeln halten, werden sofort in die Schranken gewiesen. Diese Beobachtungen konnte man vor allem bei Wölfen machen, die in Gefangenschaft leben. Schaut man sich das Wolfsrudel in der Natur an, so wird ganz schnell deutlich, dass es sich nicht um einen alleinigen Rudelführer handelt. Es ist meist ein Elternpaar. Der Rest des Rudels besteht aus den Nachkommen dieses Paares. Die Strukturen ähneln also eher einem Familienverband als einer Diktatur eines Alleinherrschers.

So sind also auch die Strukturen in einem Hund-Mensch-Rudel zu betrachten. Wie bereits beschrieben, macht es in unserer Gesellschaft durchaus Sinn und es ist auch nötig, dass es sich bei dem Rudelführer um den Menschen handelt. Dennoch wird der Mensch nicht Anführer, indem er seine Macht und Stärke demonstriert. Vertrauen spielt eine ganz entscheidende Rolle. Man muss das Vertrauen des Hundes gewinnen und muss diesem zeigen, dass man in allen Situationen die richtigen Entscheidungen für ihn trifft, so, wie es auch die Elterntiere in dem Rudel in freier Natur tun. Mit Gewalt seine Position klarzustellen, hat ein Rudelführer nicht nötig. Deshalb versteht der Hund auch nicht, wenn der Mensch versucht, ihn gewaltsam zu unterwerfen und zu Boden zu drücken. So etwas hat genau das Gegenteil zur Folge, der Hund verliert das Vertrauen, welches für ein intaktes Rudel doch so wichtig ist. Dennoch muss man konsequent und möglichst klar für den Hund sein, sonst versteht der Vierbeiner nicht, was man von ihm möchte.

Nach dem heutigen Wissensstand spielen auch einzelne Privilegien für die Führungsposition des Menschen keine Rolle. Möchte man also, dass der Hund mit einem auf dem Sofa liegt, tut das ihrer Führungsposition keinen Abbruch. Möchte man das nicht, ist das aber genauso in Ordnung.

Wichtig ist, dass der Rudelführer in allen Situationen kompetent und gelassen bleibt. Bekommt man selbst Angst oder wird hektisch, merkt der Hund das sofort und er versucht, die Kontrolle in der Situation zu übernehmen. Der Hund muss sich darauf verlassen können, dass man die richtige Entscheidung für ihn trifft. Deshalb sollte man den Hund nie in eine Situation bringen, die ihn überfordert oder ängstigt. Hat der Hund beispielsweise Angst vor einem fremden Menschen, dann sollte man ihn nie zwingen, sich diesem zu nähern. Hier sollte man seinem Hund vermitteln, dass man ihn beschützt und unterstützt.

Zudem sollte man als Rudelführer zuverlässig sein – das heißt, man sollte den Hund nicht für ein Verhalten schimpfen und ebendieses Verhalten ist am nächsten Tag dann erlaubt. Wenn man selbst nicht weiß, was man möchte, dann ist das für den Hund erst recht nicht ersichtlich.

Teambildung Mensch & Hund

Viele Hundebesitzer glauben, dass eine gute Bindung zu ihrem Hund dadurch entsteht, dass sie dem Hund viele Freiheiten lassen und möglichst viel mit ihm spielen. Sie denken, man sollte nur Spaß haben und ihm viele Streicheleinheiten geben. Andere wiederum denken, dass eine starke Bindung entsteht, wenn man streng und konsequent vorgeht. Das sind beides extreme Beispiele für eine sehr positive und eine strenge Erziehung. Beide Methoden führen zu einer Beziehung mit dem eigenen Hund, aber nicht unbedingt zu einer sehr innigen und vertrauten Bindung. Im Folgenden finden Sie 6 häufige Fehler, die bei der Bindungsarbeit mit Hunden gemacht werden:

1. Die Erwartungshaltung:
Schon bevor der Hund in seinem neuen zu Hause einzieht, hat Herrchen oder Frauchen eine gewisse Erwartungshaltung. Der Hund soll freundlich zu Menschen und anderen Hunden sein, ordentlich an der Leine laufen und besonders ohne Leine soll er immer gehorchen und in der Nähe bleiben. Man kann sehen, dass es ein Hund an der Seite des Menschen oft nicht ganz leicht hat. Der Hund wird vom Menschen ausgesucht und hat dabei kein Mitspracherecht, soll aber gleichzeitig die hohen Erwartungen erfüllen, die der Mensch an ihn stellt. Werden diese dann nur teilweise erfüllt, sucht der Mensch den Fehler gerne beim Hund. Dabei tut der Hund i. d. R. Dinge nur, weil der Besitzer das Verhalten fehlinterpretiert und durch eine falsche Reaktion noch unbewusst verstärkt.

2. Training, Erziehung & Bindung:
Als Training gilt das Erlernen von Kommandos. Leider denken viele Hundebesitzer heute noch, die Kommandos müssten in einem schroffen Kasernenton ausgesprochen werden. Für die Bindung mit dem eigenen Hund ist es allerdings von Vorteil, wenn man die Kommandos in einer freundlichen, aber bestimmten Weise ausspricht. Erziehung hat einen höheren Stellenwert als das Training, denn Erziehung regelt das Miteinander im Alltag. Erziehung benötigt keine schroffen Kommandos, sondern lediglich Alltagsregeln, die es einzuhalten gilt. Man sollte daher immer angemessen auf das Fehlverhalten des Hundes im Alltag reagieren, aber dennoch konsequent sein, damit der Hund den Menschen auch anerkennt und etwas lernt.

3. Die Kommunikation:

Hunde sind in vielen Familien bereits ein vollwertiges Mitglied geworden. Dennoch bleibt der Hund ein Hund. Einer der größten Unterschiede zwischen Mensch und Hund ist die Kommunikation. Hunde kommunizieren untereinander hauptsächlich nonverbal, also mit Körpersprache. Während die Menschen hauptsächlich verbal, also durch Sprache, kommunizieren, neigt der Mensch dazu, auch mit vielen Worten mit dem Hund zu kommunizieren. So kann das beim Hund oft zu Unklarheit und das wiederum zu Missverständnissen zwischen Mensch und Hund führen. Missverständnisse sind immer Grundlagen für ein unerwünschtes Verhalten des Hundes. Achten Sie also darauf, dem Hund klare Anweisungen zu geben.

4. Unangenehme Situationen erkennen:

Die Bindung zwischen Besitzer und Hund leidet, wenn der Hund in der Gegenwart des Besitzers durch einen anderen Hund oder einen fremden Menschen belästigt wird. Der Hund sollte in der Nähe des Besitzers immer Schutz finden, denn kein Hund muss sich von jedem Menschen anfassen lassen oder sich mit jedem Artgenossen gut verstehen.

5. Einseitige Kontaktaufnahme:

Auch unter einer einseitigen Kontaktaufnahme leidet die Bindung zwischen Hund und Mensch. Fordert der Hund ständig Streicheleinheiten ein oder fordert er zum Spielen auf, ist das nicht förderlich für eine innige Bindung. Auch wenn der Mensch ständig Kontakt zu seinem Hund sucht, der aber lieber in Ruhe gelassen werden möchte, sollte man ihm diese auch gewähren. Achten Sie also einmal darauf, ob der Hund sich über Ihre Kontaktaufnahme freut oder eher versucht, sich aus Ihren Armen zu winden.

6. Ignorierte Blicke:

Jeder Hund wirft seinem Besitzer zu Anfang beim Spaziergang immer einmal wieder kurze Blicke zu. So ein Blick ist als großes Kompliment zu sehen, da er trotz der vielen Umweltreize, die auf ihn einströmen, an den Besitzer denkt. Viele Besitzer merken diese Blicke nicht einmal oder ignorieren sie, weil sie ihnen keine große Bedeutung beimessen. Der Hund bekommt demnach keine Rückmeldung und das führt auf Dauer dazu, dass der Hund die Blicke nach und nach einstellt und der Besitzer somit eine Chance vertan hat, die Bindung zu seinem Hund zu intensivieren. Achten Sie also immer darauf, ob Ihr Hund Sie anschaut, und belohnen Sie dieses Verhalten.

Bindung aufbauen

Wie baut man aber nun eine innige Bindung zu seinem Hund auf? Dafür werden 3 wesentliche Bausteine benötigt:

Verständnis für die Persönlichkeit des anderen	Klare und verständliche **Kommunikation**	**Vertrauen,** Nähe und Schutz

Das Verständnis für die unterschiedlichen Persönlichkeiten, die ein Hund haben kann, sowie der Wille zum Verständnis seines Verhaltens sind Grundvoraussetzungen, um eine enge Bindung zum Hund aufbauen zu können. Denn in den wenigsten Fällen bekommt man genau den Hund, den man sich vorher vorgestellt hat. Genauso wenig sollte man den neuen Hund mit seinem evtl. verstorbenen Vorgänger vergleichen, denn jeder Hund ist anders! Sie sollten also versuchen, ein Verständnis für die Macken Ihres Hundes zu entwickeln. Kein Hund ist perfekt, genauso wenig, wie wir Menschen es sind. Beim Bindungsaufbau geht es vorrangig darum, sich zu fragen: „Warum zeigt mein Hund ein bestimmtes Verhalten und was sind die Gründe dafür?" Nichtsdestotrotz heißt das nicht, dass man jedes Verhalten des Hundes tolerieren muss. Verständnis für ein Verhalten des Hundes zu haben heißt nicht, dass man nicht daran arbeiten kann. Zeigt der Hund gewisse Verhaltensweisen, die Sie am liebsten abstellen möchten? Arbeiten Sie vielleicht schon länger daran und wundern sich, warum der Hund dieses Verhalten einfach nicht einstellt, obwohl Sie schon alles versucht haben? Dies ist häufig ein Indikator dafür, dass in der Kommunikation zwischen Mensch und Hund etwas nicht ganz rund läuft. Hat man den ersten Schritt getan und versteht, warum der Hund beispielsweise an der Leine zieht, Artgenossen anbellt oder Besucher anspringt, ist der nächste Schritt, ihm verständlich zu kommunizieren, dass er dieses Verhalten zu unterlassen hat.

Gerade in Konfliktsituationen, wie z. B. die Begegnung mit anderen Artgenossen oder fremden Menschen, die Ihren Hund eventuell aus der Fassung bringen, ist es wichtig, dass der Hund darauf vertrauen kann, bei Ihnen Sicherheit und Schutz zu finden. Es ist also die Aufgabe des Besitzers, dafür zu sorgen, dass der Hund solche für ihn stressigen Situationen so stressfrei wie möglich bewältigen kann. Dabei ist wichtig, dass fremde Menschen den Hund nicht einfach ungefragt anfassen oder ein Artgenosse in bereits dominanter Haltung abgewehrt und nicht zum eigenen Hund gelassen wird. Man stellt sich dazu schützend vor den Hund und wehrt alles ab, was ihm zu nahe kommt. So lernt der Hund, dass er Ihnen vertrauen kann und dass er bei Ihnen sicher ist. Nicht er muss eine Situation klären, sondern der Mensch übernimmt das für ihn. Zusätzlich fördert von beiden Seiten als angenehm empfundene körperliche Nähe eine feste Bindung. Grund dafür ist die Ausschüttung des Bindungshormons Oxytocin. Auch soziales Spielen fördert die Bindung, d. h., dass Hund und Mensch dabei im Mittelpunkt stehen. Beim Spielen sollte immer eine freundliche und entspannte

Grundstimmung herrschen. Im Spiel darf der Hund einmal das tun, was er sonst nicht darf. Er darf den Menschen anrempeln, anspringen und er darf bellen. Voraussetzung ist aber, dass der Mensch das zu wilde Spielen jederzeit innerhalb von Sekunden beenden kann.

Ziele setzen: Was möchte ich eigentlich erreichen?

Sich und seinem Hund Ziele zu setzen, bringt sehr viele Vorteile mit sich. Tut man dies nicht, verlagert sich der Fokus schnell darauf, was der Hund nicht tun soll. Im Kopf werden dann oft Verhaltensweisen aufgelistet, die man abstellen möchte. Man möchte z. B. nicht, dass der Hund an der Leine zieht, oder man möchte nicht, dass der Hund bellt, wenn es klingelt. Man kann daran sehen, dass der Fokus schnell auf dem Fehlverhalten des Hundes liegt. Das hat zur Folge, dass oft erst reagiert wird, wenn das unerwünschte Verhalten auftritt. Dass aber vorher schon sehr viel passiert ist, was man hätte belohnen können, wird durch den falsch gelegten Fokus gar nicht beachtet. Hat man also nur das unerwünschte Verhalten im Kopf, führt das dazu, dass man das Verhalten z. B. in der beschriebenen Situation schnell ändern und dafür sorgen möchte, dass der Hund den Besucher nicht anspringt. Das führt in den seltensten Fällen zu einem guten Lernerfolg.

Achten Sie also darauf, Ziele positiv zu formulieren. Man kann dadurch viel positiver in das Training gehen. Steckt man sich z. B. das Ziel, dass der Hund an lockerer Leine laufen soll, kann man, bevor der Hund überhaupt anfängt, an der Leine zu ziehen, schon einige Verhaltensweisen belohnen. So ist dann auch der Trainingsweg ein Stück weit vorgegeben. Man sollte sich daher als Besitzer auf die Verhaltensweisen fokussieren, die man haben möchte, und diese positiv verstärken. Verbietet man nur die Verhaltensweisen, die man nicht haben möchte, so kann das zu einigen Fragezeichen im Kopf des Hundes führen. Wie er sich richtig verhält, weiß er dadurch nämlich nicht, was zur

Verunsicherung führen kann. Daher ist es immer wichtig, dem Hund ein Alternativverhalten anzubieten, damit er weiß, was er stattdessen tun kann.

LERNTHEORIE UND LERNPROZESSE – DU ÜBST, WAS DU TÄGLICH TUST

Die Reizreaktionskette

Als Reizreaktionskette wird ein Verhaltensablauf aus Schlüsselreizen und damit verbundenen Instinkthandlungen von Tieren bezeichnet. Konrad Lorenz und Nikolaas Tinbergen prägten den Begriff in der Instinkttheorie und der klassischen vergleichenden Verhaltensforschung (Ethologie). Dabei wird im Rahmen dieser Theorie die auf den 1. Schlüsselreiz folgende Instinkthandlung als neuerlicher, 2. Schlüsselreiz für eine weitere Instinkthandlung usw. gesehen. Am Ende einer solchen Handlungskette stehen immer die sogenannten Endreize, wie z. B. Nahrungsaufnahme oder Fortpflanzung. Ein typisches Beispiel für eine Reizreaktionskette ist die Balz bei Vögeln. Hier werden die Einzelhandlungen wechselseitig ausgelöst, ein Schlüsselreiz des potenziellen Partners hat eine Instinkthandlung zur Folge, welche wiederum als Schlüsselreiz für den anderen Partner fungiert. Dies kann natürlich auch 1:1 auf das Hundeverhalten übertragen werden. Auch beim sozialen Spielen kommt es beispielsweise zu Reizreaktionsketten zwischen 2 oder mehreren Hunden. Solche Reizreaktionsketten können sehr starr und nach bestimmten Mustern verlaufen. Bei Wirbeltieren, also auch Hunden, sind Reizreaktionsketten allerdings etwas variabler.

Lernprozesse

Es gibt eine Vielzahl an Lernprozessen, die sich in verschiedenen Faktoren unterscheiden. Gelerntes kann beispielsweise kurz- oder langfristig abgespeichert werden. Einige Methoden brauchen zur Festigung des Gelernten länger als andere und einiges verschwindet nach einiger Zeit wieder komplett. Im Folgenden wird auf die 4 wichtigsten Lernprozesse beim Hund eingegangen. Die richtige Methode für Ihren Hund zu finden, liegt dann an Ihnen.

Nicht-assoziatives Lernen

Das nicht-assoziative Lernen gehört zu den einfachsten Lernprozessen. Hier reagiert der Hund auf einen wiederholt auftretenden Reiz adaptiv, also anpassend, und unbewusst mit einer Verhaltensänderung. Das kann eine Zunahme der Reaktionsstärke (Sensibilisierung) oder Abnahme der Reaktionsstärke (Gewöhnung) zur Folge haben. Beides geschieht unbewusst.

Habituation (Gewöhnung)

Es ist sehr wichtig, zu verstehen, dass die Habituation ohne Beteiligung des Bewusstseins geschieht, egal, ob man über einen Lernprozess beim Hund oder beim Menschen spricht. Habituation bedeutet, dass sich der Hund an einen immer wieder auftretenden Reiz aus der Umwelt gewöhnt. Zeigt der Hund also ein unerwünschtes Verhalten in einer bestimmten Situation, so wird der Hund immer wieder dieser Situation ausgesetzt. Das wiederum führt zu einer schrittweisen und folglich dauerhaften Reduzierung der negativen Verhaltensweise. Bei der Habituation lernt der Hund also, nicht zu reagieren. Belohnungen werden bei dieser Lernmethode nicht eingesetzt. Diese Methode kann dazu dienen, Stressfaktoren im Alltag zu reduzieren.

Hat ein Hund beispielsweise Angst vor vorbeifahrenden Autos, so wird dieser schrittweise zunächst an ein stehendes Auto, dann an ein vorbeirollendes Auto etc. gewöhnt, bis er sich an die bis dato Stresssituation gewöhnt hat.

Sensitivierung (Sensibilisierung)

Das Gegenteil von der Habituation ist die Sensitivierung. Diese hat keine Gewöhnung zur Folge, sondern verstärkt und intensiviert die ursprüngliche Reaktion des Hundes auf einen bestimmten Reiz. Vor allem in Verbindung mit der Emotion Angst kann es sehr schnell zu einer Sensitivierung kommen. Auch Generalisierungen, also Verknüpfungen, werden in diesem Kontext vom Hund sehr schnell hergestellt – etwas, das man eigentlich vermeiden möchte. Ein Beispiel dafür kann die Angst vor Schussgeräuschen sein. Zunächst nicht sehr ausgeprägt, verschlimmert sich diese oft bei jeder Situation, in der es laut knallt. So fürchten sich die betroffenen Hunde mit der Zeit auch vor Feuerwerk, Gewitter oder anderen knallartigen Geräuschen.

Assoziatives Lernen

Beim assoziativen Lernen, also auch bei der sogenannten Konditionierung, wird mit dem Prinzip von Ursache und Wirkung gearbeitet. Der Hund wird einer Situation oder einem Ereignis ausgesetzt. Zeigt er das gewünschte Verhalten, so hat das angenehme Konsequenzen in Form einer Belohnung. Der Hund verknüpft Ursache und Wirkung und kann so die Folgen einer Handlung vorausahnen. Es gibt 2 Formen der Konditionierung, die im nun Folgenden genauer beschrieben werden.

Klassische Konditionierung

Die klassische Konditionierung ist eine wichtige Lerntheorie im Behaviorismus. Nach dieser lernt ein Mensch oder ein Tier, auf ein Signal hin eine bestimmte Reaktion zu zeigen. Deshalb wird die klassische Konditionierung oft auch Signallernen genannt. Das Signal wird auch als Stimulus bezeichnet. Es kann sich hierbei um ganz unterschiedliche Dinge handeln, wie z. B. um den Klang einer Sirene oder den Duft von leckerem Essen. Bei der klassischen Konditionierung verknüpft der Hund mit dem Signal eine unbedingte Reaktion, d. h. der Hund kann weder darüber nachdenken noch etwas dagegen tun. Die zeitliche Komponente ist hierbei elementar. Sollen 2 Reize verknüpft werden, so muss das innerhalb von einer halben bis einer Sekunde erfolgen, sonst kann keine oder nur eine sehr schwache Verknüpfung hergestellt werden.

Ein klassisches Beispiel ist Iwan Pawlow, der Begründer der klassischen Konditionierung. Dieser machte ein Futterexperiment mit seinem Hund, indem er ihn auf eine Klingel konditionierte. Der Hund verknüpfte mit der Klingel das Futter und fing demnach nur beim Laut der Klingel bereits an, zu speicheln. Möchte man also seinen Hund auf ein Signal konditionieren, so muss man 3 Phasen durchlaufen:

Phase 1 – Vor der Konditionierung:

Der Hund bekommt Futter und daraufhin beginnt er, mehr Speichel herzustellen. Das ist ein normales, angeborenes Verhalten. Das Futter ist hierbei ein unbedingter Reiz oder Stimulus. Der unbedingte Reiz löst ganz natürlich eine unbedingte Reaktion (das Speicheln) aus, also eine Reaktion, gegen die der Hund nichts machen kann und die unbewusst erfolgt. Unabhängig vom Futter wird zudem noch die Klingel geläutet, die später das Signal für den Hund werden soll. Der Hund wird sich wahrscheinlich nach der Klingel umschauen, er fängt aber nicht an, zu speicheln. Die Klingel ist also zu diesem Zeitpunkt noch ein neutraler Reiz.

Phase 2 – Die Konditionierung:

Nun wird zuerst geklingelt und der Hund bekommt direkt darauf sein Futter. Achtung: Zur Verknüpfung der beiden Reize darf nicht mehr als eine Sekunde zwischen der Klingel und dem Füttern vergehen, sonst findet keine Verknüpfung statt. Der Hund fängt automatisch an, zu speicheln, wenn er anfängt, zu fressen – sprich, die unbedingte Reaktion folgt automatisch. Wichtig ist, dass diese Reihenfolge immer eingehalten wird. Der neutrale Reiz (die Klingel) muss auf den unbedingten Reiz (dem Futter) folgen. Die unbedingte Reaktion (das Speicheln) folgt automatisch. Diese Phase muss einige Male wiederholt werden, bevor mit der dritten Phase begonnen werden kann.

Phase 3 – Nach der Konditionierung:

Hat man den Hund nun erfolgreich auf die Klingel konditioniert, so kann man nun die Klingel läuten und der Hund fängt an, zu speicheln, Futter bekommt er jedoch nicht mehr. Der neutrale Reiz (die Klingel) hat sich zu einem konditionierten Reiz entwickelt. Die ursprüngliche unbedingte Reaktion (das Speicheln) wird nun zur konditionierten Reaktion.

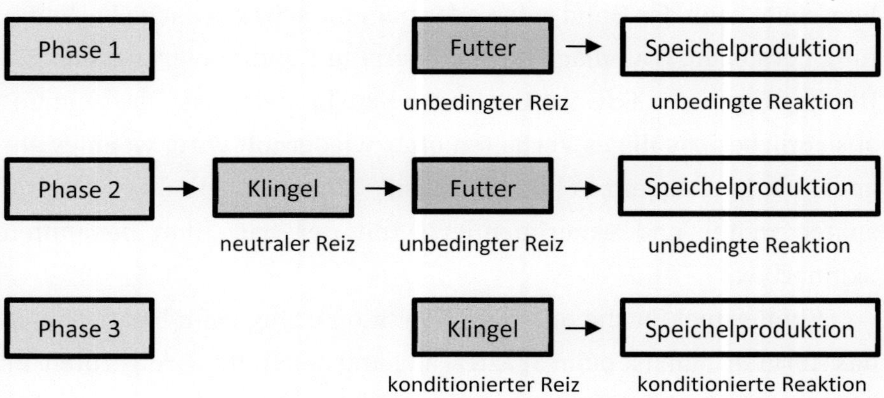

Die klassische Konditionierung klappt nicht nur bei Hunden, sondern auch bei anderen Tieren und sogar beim Menschen. Es muss auch nicht immer absichtlich eine klassische Konditionierung stattfinden. Es können auch unabsichtlich neutrale Reize in konditionierte Reize umgewandelt werden. Jede emotionale Reaktion kann klassisch konditioniert werden, denn wie bereits erwähnt, hat der Organismus keinen Einfluss auf den Reiz oder seine Reaktion.

Operante Konditionierung

Ebenfalls eine Lerntheorie des Behaviorismus ist die sogenannte operante Konditionierung. Dabei werden gewünschte Verhaltensweisen von Menschen oder Tieren belohnt, damit sie öfter gezeigt werden. Unerwünschte Verhaltensweisen werden bestraft, sodass diese seltener auftreten. Anders als bei der klassischen Konditionierung dreht sich bei der operanten Konditionierung alles um das bewusste Handeln des Hundes. Der Hund lernt also eine neue Verhaltensweise bewusst anhand der Konsequenz, die darauf folgt. Genau wie bei der klassischen Konditionierung darf auch bei der operanten Konditionierung zwischen Verhalten und Konsequenz nicht mehr als eine Sekunde vergehen, sonst kann der Hund keine oder nur eine sehr schwache Verknüpfung herstellen. Grundlage für die operante Konditionierung sind die Überlegungen von Edward Lee Thorndike. Er stellte fest, dass ein unabsichtliches, zufälliges Verhalten öfter wiederholt wird, wenn es angenehme Konsequenzen hat. Burrhus F. Skinner führte diese Theorie später weiter und experimentierte mit der nach ihm benannten Skinnerbox.

Ein Beispiel für die operante Konditionierung beim Hund ist z. B. das Abrufen. Man ist beim Spaziergang und der Hund wird gerufen. Er kommt sofort ohne Umwege und wird entsprechend mit einem Leckerli belohnt. Wiederholt man das einige Male, wird sich das

Verhalten festigen und der Hund kommt vielleicht schneller und freudiger zu uns. In der operanten Konditionierung gibt es 4 Möglichkeiten, mit Belohnung und Bestrafung zu arbeiten. Diese werden im Folgenden genauer beschrieben.

Positive & negative Verstärkung

Der Hund lernt aus den Konsequenzen oder Folgen seines Verhaltens. Diese werden auch als Verstärker bezeichnet. Die Folgen können für den Hund angenehm sein, also einen belohnenden Charakter haben, um ein bestimmtes Verhalten öfter hervorzurufen, oder sie können unangenehmer Art sein, also einen bestrafenden Charakter haben, damit der Hund ein bestimmtes Verhalten seltener zeigt. Man sollte sich jedoch bewusst machen: Alle Verstärker lösen beim Hund Emotionen aus, dessen Zusammenhang wichtig zu verstehen ist. Es gibt 4 verschiedene Verstärkertypen, die folglich näher betrachtet werden:

Positive Belohnung Etwas Angenehmes wird *hinzugefügt,* z. B. ein Leckerli wird gegeben Ausgelöste Emotion: Freude	**Negative Belohnung** Etwas Unangenehmes wird *entfernt,* z. B. Druck auf der Leine beim Platz Ausgelöste Emotion: Erleichterung
Positive Strafe Etwas Unangenehmes wird *hinzugefügt,* z. B. starkes Rucken an der Leine Ausgelöste Emotion: Angst und Unsicherheit	**Negative Strafe** Etwas Angenehmes wird *entfernt,* z. B. Ignorieren des Hundes Ausgelöste Emotion: Frust und Enttäuschung

Im Zusammenhang mit den Verstärkern ist positiv und negativ nicht gleichzusetzen mit den Emotionen, die sie auslösen sollen. Eher sind sie rein mathematisch zu sehen, positiv ist demnach als hinzufügen und negativ als etwas wegnehmen oder entfernen gemeint.

Positive Belohnung:

Bei der positiven Belohnung handelt es sich um einen Reiz, der vom Hund positiv wahrgenommen wird und der in ihm das Gefühl der Freude auslöst. Das kann z. B. ein Leckerli, das Lieblingsspielzeug, ein Spiel mit dem Herrchen oder einem Hundekumpel, Mäusegraben und vieles mehr sein. Dabei treten 2 verschiedene Varianten dieses Verstärkers auf: der primäre und der sekundäre Verstärker. Primäre Verstärker stellen Grundbedürfnisse des Hundes dar, also alles, was aus natürlicher Sicht schon belohnenden Charakter für den Hund hat, wie z. B. Futter, Wasser, Schlafen und Rennen. Dagegen sind sekundäre Verstärker Trainingswerkzeuge, wie z. B. ein Klicker oder ein Lobwort, auf welche der Hund bereits konditioniert ist. Diese Hilfsmittel kündigen dem Hund an, dass er etwas sehr gut gemacht hat und dass nun der primäre Verstärker folgt, wie die Gabe eines Leckerlis. Mit diesen Hilfsmitteln kann man ein gewünschtes Hundeverhalten punktgenau markieren und loben, auch auf eine größere Distanz. Sie werden weltweit erfolgreich im Hundetraining eingesetzt.

Negative Belohnung:

Bei der negativen Belohnung handelt es sich um dauerhafte Reize, die auf den Hund einwirken. Sie lösen bei Entfernung ein Erleichterungsgefühl beim Hund aus. Das mag auf den ersten Blick harmlos klingen, bringt aber mit sich, dass man den Hund in eine zunächst für ihn unangenehme Situation bringen muss und somit eine Stressreaktion in ihm auslöst. Wie bereits beschrieben, ist aber der Wohlfühlfaktor ein enorm wichtiger Punkt für ein erfolgreiches Hundetraining. Bringt man den Hund also fortlaufend in unangenehme Situationen, nur um ihn dann als Belohnung aus der Reiz-Situation zu entfernen, kann das Lernen nicht optimal stattfinden. Ein Beispiel für eine negative Bestrafung ist, wenn der Hund sich auf das Kommando „Sitz“ nicht setzen möchte. Viele

Hundehalter versuchen, den Hund in eine sitzende Position zu drängen, indem sie mit der Hand Druck auf der Kruppe aufbauen. Um diesem Druck zu entweichen, setzt sich der Hund hin. Der Druck wird daraufhin weggenommen und der Hund verspürt eine Erleichterung.

Positive Strafe:

Auch wenn bei der positiven Strafe das Wort „positiv" vorkommt, ist dieser Verstärkertyp immer mit Stress, Unsicherheit und Angst beim Hund verbunden. Deshalb ist die positive Strafe auch äußerst umstritten. Der Wohlfühlfaktor, das Gefühl von Sicherheit sowie eine lockere und freundliche Atmosphäre sind Grundvoraussetzungen, damit das Lernen beim Hund überhaupt stattfinden kann. Wer mit Strafen arbeitet, kann das nicht gewährleisten, sodass es zu Lernblockaden kommen und ein erfolgreiches Lernen nicht stattfinden kann. Zudem ist das richtige Bestrafen dann viel schwieriger, als die meisten denken. Es gibt 4 Regeln, die alle gleichzeitig befolgt werden müssen, damit eine Strafe überhaupt beim Hund ankommt und richtig funktioniert.

Regel 1: Die Strafe muss innerhalb von 0,5 bis 1 Sekunde erfolgen, sonst kann der Hund die Strafe nicht mit der unerwünschten Verhaltensweise verknüpfen.

Regel 2: Die Strafe muss das richtige Maß an Intensität haben. Zu wenig nützt nicht viel und zu viel kann den Hund so erschrecken, dass andere Probleme folgen.

Regel 3: Die Strafe muss jedes Mal erfolgen, wenn der Hund das unerwünschte Verhalten zeigt.

Regel 4: Die Strafe darf nur mit dem unerwünschten Verhalten verknüpft werden. Eine Verknüpfung mit dem Besitzer oder einem vorbeifahrenden Fahrrad oder gar Artgenossen können zu schweren Problemen und Vertrauensverlust führen.

Die Regeln allein zeigen, dass die korrekte Anwendung der positiven Strafe eine große Herausforderung darstellt und sehr viel dabei schiefgehen kann. Zudem löst die positive Strafe keine Probleme, sondern unterdrückt diese nur vorübergehend. Wirkliche Erfolge erzielt man daher mit dieser Trainingsmethode nicht. Die positive Strafe sollte auf keinen Fall die Strategie sein, mit der man einen Hund erzieht.

Negative Strafe:
Die negative Strafe ist der Verstärkertyp, bei dem etwas für den Hund Angenehmes entfernt wird. Sie löst keine Unsicherheit oder gar Angst aus, dennoch ist die negative Strafe eine Strafe und sollte daher nur bewusst angewendet werden. Beim Hund löst dieser Verstärkertyp Frust und Enttäuschung aus. Das Ganze funktioniert, indem man dem Hund etwas, das er sehr gern haben möchte, wie z. B. Aufmerksamkeit oder Futter, nicht gibt, sobald er unerwünschtes Verhalten zeigt.
Ein Beispiel zum Einsatz der negativen Strafe kann das Anspringen von Personen sein. Der Hund springt den Besitzer an und fordert seine Aufmerksamkeit. Diese wird dem Hund nicht gegeben. Stattdessen wird er komplett ignoriert, nicht angesehen, nicht angefasst oder angesprochen. Zeigt der Hund dann wieder das gewünschte Verhalten, beruhigt sich und springt nicht hoch, wird dieser belohnt, indem man ihn wieder beachtet. Das ist ganz wichtig, da das Ignorieren des Hundes Frust in ihm auslöst, welchen man dann von dem Hund nimmt, indem man das gewünschte Verhalten direkt wieder belohnt.

Extinktion

Ab dem Zeitpunkt, an dem bedingter und unbedingter Reiz nicht mehr zusammen auftreten und nur noch der bedingte Reiz als Signal verwendet wird, beginnt der Hund, dieses langsam wieder zu verlernen. Das wird als Löschung oder Extinktion bezeichnet und gilt sowohl für die klassische als auch für die operante Konditionierung.

Löschung bei der klassischen Konditionierung

Klassisch konditionierte Reize können ebenfalls aktiv wieder gelöscht werden. Man muss also nicht darauf warten, bis der Hund die konditionierten Reize vergessen hat. Dazu verlängert man einfach den Zeitraum zwischen dem konditionierten Reiz und dem unbedingten Reiz. Hat der Hund z. B. gelernt, dass es nach der Klingel Futter gibt, und beginnt er schon ohne Futter mit der Speichelproduktion, so kann man die Futtergabe einfach zeitlich etwas hinauszögern oder das Futter gar nicht geben. Dann hebt sich die klassische Konditionierung nach einiger Zeit von selbst auf.

Löschung bei der operanten Konditionierung

Auch über die operante Konditionierung erlernte Verhaltensweisen können ganz einfach wieder gelöscht werden. Folgt auf das erlernte Verhalten des Hundes keine Konsequenz mehr, so wird das zuvor erlernte Verhalten gelöscht.

Desensibilisierung und Gegenkonditionierung

Desensibilisierung und Gegenkonditionierung haben das gleiche Ziel: Der Hund verbindet mit einem bestimmten Reiz ein Gefühl, welches man ändern möchte. Dazu gibt es diese beiden Trainingsmethoden, die im Folgenden näher beschrieben werden:

Desensibilisierung:

Die Desensibilisierung wird meistens genutzt, wenn der Hund ein Angstgefühl verspürt, das können fremde Menschen, Radfahrer, Autos, Knallgeräusche und vieles mehr sein. Bei der Desensibilisierung wird der Hund genau diesem Reiz ausgesetzt, aber in einer so geringen Stärke, dass dieser keine Angstgefühle bei dem Hund auslöst. Bei Objekten kann die Reizintensität beispielsweise über die Entfernung reguliert werden, bei Geräuschen über die Lautstärke. Auch die Länge des Reizes spielt eine große Rolle. Nun wird nach und nach die Intensität des Reizes in kleinen Schritten gesteigert. Dabei bestimmt der Hund das Tempo. Auch bei den gesteigerten Reizen sollte der Hund zwar aufmerksam sein, aber keine Angst und keinen Stress zeigen. Durch zu schnelle Steigerung der Reizintensität oder wenn der Hund außerhalb des Trainings diesem Reiz in voller Stärke ausgesetzt ist, ist die Gefahr eines Rückfalls sehr hoch und man beginnt wieder ganz von vorne.

Gegenkonditionierung:

Die durch einen Reiz ausgelösten Gefühle bei einem Hund lassen sich ebenfalls verändern, wenn der Hund die Erfahrung macht, dass der Reiz, der ihm Angst macht, etwas Angenehmes ankündigt. Diese Methode nennt man dann die Gegenkonditionierung. Hierbei wird also die Reizreaktionskette unterbrochen und der Reiz mit einer neuen, positiven Reaktion verknüpft. Dabei muss die angenehme Erfahrung sofort im Anschluss an das Erscheinen des angsteinflößenden Reizes erfolgen und sollte während der Anwesenheit des Reizes auch andauern. Arbeitet man hier also beispielsweise mit Futter, sollte der Hund das Futter auch so lange bekommen, bis der Reiz wieder verschwunden ist. Es ist nicht wichtig, wie der Hund sich dabei verhält, entscheidend ist nur, dass er, während der Reiz da ist, das Futter bekommt, und zwar die komplette Zeit. Wichtig ist auch, dass man die Intensität des Reizes sorgfältig wählt und dass dieses Szenario ausreichend oft durchgeführt wird. Dann wird der Hund mit der Zeit mit dem angsteinflößenden Reiz die Futtergabe verknüpfen und seine Angst darüber vergessen.

Abbruchsignale

Jeder Hundebesitzer benutzt wahrscheinlich schon ein Abbruchsignal bei seinem Hund, ist sich dessen aber vielleicht gar nicht so richtig bewusst. Ein Abbruchsignal kann z. B. einfach schon das Wort „Nein!" sein, also ein Signal, welches dem Hund sagt, dass er mit dem, was auch immer er gerade tut, aufhören soll. Leider ist es oft so, dass dem Abbruchsignal Emotionen beigemischt werden. Da der Hund gerade etwas tut, was wir nicht möchten, wird das Abbruchsignal oft laut, genervt oder aggressiv losgelassen. Der Hund lernt so, dass es Stress bedeutet, wenn er das Wort hört, und nicht, dass er mit Unterlassen des Verhaltens den Stress hätte verhindern können. Nur durch die Unterbrechung seiner Verhaltensweise lernt der Hund nämlich nicht, dass er diese Verhaltensweise nicht mehr zeigen soll. Deshalb muss das Training zu einem Abbruchsignal sinnvoll aufgebaut sein, denn in für den Hund gefährlichen Situationen kann das Abbruchsignal auch als Notfallsignal eingesetzt werden und ist daher durchaus sinnvoll.

Wer ein Abbruchsignal trainieren möchte, der muss sich bewusst machen, dass eine Reizreaktionskette durchbrochen wird, der Hund sieht ein Reh und möchte hinterherrennen. Man muss dem Hund eine Alternative geben, denn das alleinige Abbruchsignal reicht nicht aus, um den Hund künftig von solchen Handlungen abzuhalten. Viele arbeiten hier mit Futter, es sollte allerdings etwas sein, das der Hund sonst vielleicht nicht bekommt, wie eine Scheibe Wurst oder ein ganz besonders leckeres Leckerli. Wichtig ist auch, dass Sie sich ein Wort aussuchen, das Sie im alltäglichen Sprachgebrauch nicht benutzen, und dass

Sie das Abbruchsignal nicht in jeder Situation benutzen, in der der Hund etwas „Falsches" tut. Das ist ganz wichtig, um ein sauberes Abbruchsignal aufzubauen. Läuft der Hund beispielsweise in Richtung Wald, rufen Sie ihn mit dem üblichen Kommando ab und verwenden Sie nicht das Abbruchsignal – d. h., wenn etwas anderes geht, nutzen Sie immer die Alternative. Ein Abbruchsignal muss zudem immer gleich klingen, egal, in welcher emotionalen Lage Sie sich gerade befinden. Negative Assoziationen des Hundes mit dem Wort lassen einen Lernerfolg ausbleiben.

Wie trainiert man aber ein solches Abbruchsignal?

Schritt 1: Sie haben sich ein Signal überlegt, das Sie nun Ihrem Hund für Notfälle beibringen möchten. Bereiten Sie dazu ein besonders leckeres Futter vor. Kochen Sie vielleicht etwas für den Hund, was er besonders gerne mag.

Schritt 2: Wenn Sie dem Hund das Futter geben, sagen Sie das Signal, stellen den Napf auf den Boden und geben das Futter frei. Üben Sie dies einige Tage.

Schritt 3: Da viele Hunde ihren festen Futterplatz haben, versuchen Sie, diesen nun zu wechseln. Gehen Sie an einen anderen Ort und geben Sie das Signal. Der Hund wird zu Ihnen kommen und er bekommt sofort das Futter. Trainieren Sie auch das mit wechselnden Räumen einige Tage. Lässt sich der Hund aus allen beliebigen Räumlichkeiten zum Fressen abrufen, sind Sie bereit für den nächsten Schritt.

Schritt 4: Der Trainingsbereich wird auf den Garten ausgeweitet. Hier trainieren Sie nun nicht mehr mit dem Fressen des Hundes, sondern wechseln zu den ultimativ leckeren Leckerlis. Halten Sie aber zunächst die Ablenkung noch so gering wie möglich.

Schritt 5: Steigern Sie die Ablenkung weiter und üben Sie das Signal auf dem Spaziergang, bis es sitzt und vom Hund die Verknüpfung hergestellt wurde. Denken Sie daran, dass Sie das Signal immer einmal wieder auffrischen müssen. Wurde es lange nicht benutzt (es soll ja nur für Notfälle sein!), bauen Sie einmal wieder eine Trainingseinheit im Garten oder auf dem Spaziergang ein.

WARUM REINE KONDITIONIERUNG NICHT REICHT: EIN PLÄDOYER ZUR BINDUNGSARBEIT MIT IHREM HUND

Hat man die letzten beiden Kapitel gründlich gelesen, so sollte deutlich geworden sein, dass man in der Hundeerziehung nicht nur mit Konditionierung arbeiten kann. Ein wesentlicher Aspekt beim Training und der Erziehung des Hundes ist die Bindung zum Tier. Wie wichtig dieser Baustein ist, wenn man mit einem Hund zusammenlebt und diesem etwas beibringen möchte, konnten Sie bereits im Kapitel „Mensch und Hund: Eine tiefe Bindung“ nachlesen. Daher ist eine gute Mischung aus beiden Bausteinen zu empfehlen. Betreiben Sie aktiv Bindungsarbeit mit Ihrem Hund, bauen Sie Vertrauen und eine enge Bindung zu Ihrem Vierbeiner auf, dann werden das Training und die Erziehung Ihnen und Ihrem Hund auch leichter fallen.

Generell ist hier ebenfalls anzumerken, dass es auch Gegner der Trainingsmethode zur Konditionierung von Tieren, speziell Hunden, gibt. Man ist der Auffassung, dass der Hund ein autonomiefähiges Wesen ist, Dinge verstehen kann und durch dieses Verständnis auch die Verhaltensweisen auf andere Situationen übertragen kann, statt nur reflexartig auf einen Reiz zu reagieren, wie das bei der Konditionierung der Fall ist. Dennoch leben wir in einer Welt, die voll von Gefahren für den Hund ist. Vor allem der starke Verkehr macht es unmöglich, einen Hund, der nicht auf den Rückruf konditioniert ist, von der Leine zu lassen. Natürlich möchten wir uns kein Wesen erziehen, das auf alle möglichen Dinge wie ein Roboter reagiert. Dennoch geht eine gute Erziehung ohne Konditionierung nicht. Genauso wenig funktioniert diese aber auch ohne die emotionale Bindung und das Vertrauen zwischen Mensch und Hund.

ANSATZ: DER MENSCH ALS ALPHAHUND

Ob Rudelführer, Alphahund, Anführer oder einfach nur Chef: Wie Sie sich gegenüber Ihrem Hund bezeichnen, ist diesem relativ egal. Entscheidend ist jedoch, wie Sie sich gegenüber Ihrem Hund verhalten. Unter welchem Decknamen das passiert, ist wirklich zweitrangig.

Konzentriert man sich auf die wichtigen Dinge in der Hundeerziehung, so sollte man sich zwei verschiedene Dinge fragen: „Was wollen wir von unserem Hund und was will der Hund selbst?“. Wir wollen, dass der Hund in entscheidenden Situationen das tut, was man ihm sagt. Sonst können solche Situationen eskalieren oder auch gefährlich werden. Im nächsten Schritt werden diese Situationen dann vermieden. Der Hund soll also beim freien Laufen abrufbar sein, nicht an der Leine ziehen und für ein harmonisches Zusammenleben die Regeln der menschlichen Zivilisation kennen und akzeptieren. Der Hund hingegen will beim freien Laufen instinktiv überall schnuppern, generell eigentlich gar nicht angeleint sein und sein Leben seinen Instinkten hingeben und nicht die Regeln der Menschen akzeptieren. Sie sehen vielleicht, worin das Problem der Hundeerziehung besteht. Die Verhaltensweisen, die ein Hund instinktiv zeigt, sind völlig entgegen den Erwartungen, die der Mensch an den Hund hat. Ohne Einfluss des Menschen würde der Hund nie anderen Artgenossen, wie Rehen oder Kaninchen, ausweichen. Er würde nicht aufhören, an der Leine zu ziehen, wenn er irgendwo hingehen möchte, und er würde schon gar nicht in einer Welt nach menschlichen Maßstäben leben. Es gibt genau drei Möglichkeiten, mit dieser Kontroverse umzugehen: Man entscheidet sich gegen die Haltung eines Hundes, man akzeptiert den Hund so, wie er ist, oder man übernimmt die Führung und stellt Regeln auf, sodass der Hund die größtmöglichen Freiheiten haben kann, wenn er sich an diese Regeln hält. Wie man das nun nennen möchte, bleibt jedem selbst überlassen, denn letzten Endes handelt es sich ja doch nur um ein Wort.

DER HUND ALS SPIEGEL SEINES MENSCHEN

„Wie der Herr, so das Gescherr“, ein Ausdruck, den sicherlich jeder kennt. Doch ist da auch etwas Wahres dran? Der Hund ist der Spiegel Ihrer Emotionen. Beobachten Sie Ihren Hund doch einmal genau und schauen Sie, welche Menschen oder Hunde Ihr Hund anbellt. Vielleicht werden Sie dabei erkennen, dass es auch die Menschen sind, die Sie nicht unbedingt mögen oder die aus irgendwelchen Gründen ein Unbehagen bei Ihnen auslösen, genauso wie bestimmte fremde Hunde. Ihr Hund kann das spüren. Er spürt Ihr Unbehagen und er spürt Ihre Anspannung. Es sind Emotionen, die wir sehr gut vor unseren Mitmenschen verstecken können, doch Ihrem Hund entgeht nichts, dessen können Sie sich sicher sein. Er verfügt über eine viel feinere Wahrnehmung, kann Ihre Körpersprache perfekt lesen und erkennt jede Muskelanspannung sofort. Ihr Hund kennt Sie eben einfach! Doch es ist auch umgekehrt: Auch der Hund und sein Verhalten in Alltagssituationen lenken oft die Reaktionen und Emotionen des Besitzers. Ein gutes Beispiel dafür ist die Begegnung mit Artgenossen. Läuft das grundsätzlich nicht ganz problemlos ab und der eigene Hund macht an der Leine einen Aufstand, beginnt der Mensch, solche Situationen zu umgehen. Der Hund lernt, dass er mit einem solchen Verhalten Konflikte vermeiden kann, oder der Puls und die Anspannung des Besitzers steigen schon Minuten vor der tatsächlichen Begegnung mit einem Artgenossen, wenn man ihn nur auf dem Weg sieht. Ihr Hund wird dadurch bereits in Alarmbereitschaft versetzt, weil Sie bereits in Alarmbereitschaft sind. Dem Krawall an der Leine ist damit gute Vorarbeit geleistet. Sie sehen ganz klar: Hund und Mensch beeinflussen sich gegenseitig im Alltag, sodass an dem Eingangssatz „Wie der Herr, so das Gescherr“ durchaus etwas Wahres dran ist.

Hunde verstehen

GRUNDBEDÜRFNISSE IN DER ERZIEHUNG

Einen Hund zu halten bedeutet nicht nur Action, Spiel und Spaß. Mit der Entscheidung, sich einen Hund anzuschaffen, übernimmt man auch die Verantwortung für ein Lebewesen. Und es kann auch nicht immer nur Freude machen, mit einem Hund zu leben. Ein Hund kann krank werden oder sich verletzen und auch Hunde werden einmal alt, also sollten Sie sich auch mit dem Gedanken auseinandersetzen, dass der Hund irgendwann vielleicht nicht mehr die Treppen laufen kann oder lange Spaziergänge dann nicht mehr möglich sind.

Genauso wie der Mensch hat auch der Hund Bedürfnisse, um die sich der Mensch als die Verantwortungsperson des Hundes kümmern muss. Der amerikanische Psychologe Abraham Maslow hat hierfür eine sogenannte Bedürfnispyramide entworfen. Diese stellt die menschlichen Bedürfnisse in 5 verschiedenen Ebenen dar, die aufeinander aufbauen. Erst wenn eine Stufe der Bedürfnisse erfüllt ist, strebt der Mensch danach, die nächste Stufe zu erfüllen. Die letzte Stufe stellt die sogenannte Selbstverwirklichung dar, die die Entwicklung der eigenen Persönlichkeit umfasst. Auch diese Stufe wird erst angestrebt, wenn die anderen vier Stufen bereits erfüllt sind:

Abbildung Bedürfnispyramide nach Maslow (1943)

Möchte man sich nun die Bedürfnisse seines Hundes vor Augen führen, kann man diese Pyramide auch auf die Bedürfnisse des eigenen Vierbeiners übertragen.

Grundbedürfnisse:

Die Grundbedürfnisse, sowohl des Menschen als auch des Hundes, umfassen alle physiologischen Bedürfnisse, die es zum Überleben braucht. Dazu gehören Nahrung, Wasser, Schlafen, Sauerstoffversorgung, Gesundheit und die körperliche Auslastung. Erst wenn diese Grundbedürfnisse erfüllt sind, rückt die Erfüllung der Bedürfnisse der 2. Stufe in den Fokus. Denn ein Hund, der Hunger und Durst hat, wird zunächst versuchen, diese zu stillen, bevor er sich anderen Bedürfnissen widmet.

Sicherheitsbedürfnisse:

Die 2. Stufe der Bedürfnispyramide dreht sich um die Sicherheitsbedürfnisse. Für den Hund kann man in dieser Kategorie die folgenden Bedürfnisse ableiten: Ein sicherer Schlafplatz, geschützt vor dem Wetter, Lebenssicherheit und körperliche Unversehrtheit, Schutz und Stabilität, Ordnung, Struktur und festgelegte Tagesabläufe sowie die Freiheit von Angst. Sind diese Bedürfnisse erfüllt, widmet sich der Hund der nächsten Kategorie an Bedürfnissen.

Soziale Bedürfnisse:

Die 3. Stufe der Bedürfnispyramide umfasst die Bedürfnisse nach sozialen Kontakten. Das kann für den Hund die folgenden Bedürfnisse umfassen: Sozialkontakte zu Menschen und anderen Artgenossen, Gesellschaft und Lob der Bezugsperson, Familienzugehörigkeit (Rudelersatz) und Liebe, Körperkontakt und die Fortpflanzung.

Anerkennung:

Die 4. Stufe beschäftigt sich hauptsächlich mit den Bedürfnissen des Hundes nach Wertschätzung und Anerkennung, Stärke und Kompetenz und der Leistung und dem Lernen im Training. Diese Ebene ist der Grundstein für das Selbstwertgefühl des Hundes und hat demnach auch ganz viel mit dem Hundetraining zu tun. Aus der Abbildung wird aber auch ersichtlich, dass viele andere Bedürfnisse zuerst erfüllt sein müssen, bevor sich der Hund auf dieses fokussieren kann. Je mehr Bedürfnisse der unteren Stufen also erfüllt sind, desto motivierter wird der Hund auch beim Training mitmachen.

Selbstverwirklichung:

Die Stufe der Selbstverwirklichung hat hauptsächlich mit dem Bedürfnis zu tun, seine eigene Persönlichkeit voll und ganz auszuleben. Ein Hund drängt in dieser Stufe nach dem Ausleben seiner Triebe und Instinkte, nach der freien Entfaltung seiner Persönlichkeit und dem Freiraum für eigenständiges Handeln.

Grunderziehung von Anfang an

Deutschland ist eine Hundenation. Circa jeder 10. Deutsche hat einen Hund. Umso wichtiger ist es, dass so eine große Anzahl an Hundebesitzern auch verantwortlich mit diesen umgeht. Es gibt viele verschiedene Arten, seinen Hund zu erziehen. Die einen schwören auf Leckerli, die nächsten bevorzugen viel Lob und wieder andere sind eher für eine strenge Erziehung. Kaum ein Thema scheidet die Geister so, wie die unterschiedlichen Trainingsmethoden des Menschen für seinen besten Freund. Die richtige Methode macht meistens eine gute Mischung aus allem. Zudem hängt die „beste" Methode auch extrem vom Charakter des Besitzers sowie dem des Hundes ab. Dennoch gibt es einige Punkte, die trotz des kontroversen Themas beachtet werden sollten:

- Warten Sie mit dem Hundetraining und der Erziehung nicht, bis der Hund erwachsen ist. Vor allem im Welpenalter brauchen die Hunde bereits Regeln, die sich dann besser festigen. Auch in der Natur ist es so, dass die Welpen von Beginn an die Regeln der Elterntiere und der Älteren befolgen müssen. Das sollte in der Familie genauso der Fall sein. Es gibt spezielle Hundeschulen oder Gruppen für Welpen. Auch für erfahrene Hundebesitzer ist es ratsam, eine Hundeschule zu besuchen, allein schon für den sozialen Kontakt, der gerade für Welpen sehr wichtig ist.

- Für den Hund sind soziale Kontakte sehr wichtig, nicht nur zu Artgenossen, sondern vor allem auch zu der Bezugsperson. Den Hund nicht mit anderen Artgenossen zusammenzubringen oder den Hund sehr lange allein zu lassen, kann zu Verhaltensauffälligkeiten im Sozialverhalten mit anderen führen.

- Man sollte dem Hund von Beginn an klarmachen, wer das Sagen hat. Dabei sollte man darauf achten, dass man das in angemessenem Sinne tut. Man sollte dabei darauf achten, dass der Hund nicht zu dominant wird und mit seinem Verhalten den Tagesablauf bestimmt, indem er z. B. Essen einfordert. Den Hund mit Gewalt und Strenge zu unterwerfen, ist allerdings auch keine Lösung. Arbeiten Sie dafür zuallererst an Ihrer eigenen Kompetenz und zeigen Sie dem Hund, dass Sie ein guter Anführer sind und gute Entscheidungen für ihn treffen.

- Es ist zudem sehr hilfreich, seine Kommandos auch mit einem Handzeichen oder einer Geste zu versehen. Der Hund kommuniziert in der Natur meist nonverbal, daher kann ein Zeichen dem Hund helfen, uns besser zu verstehen.

- Die Konsequenz spielt in der Hundeerziehung eine besonders wichtige Rolle. Der Hund wird an einem Tag für ein bestimmtes Fehlverhalten gemaßregelt und am nächsten Tag zeigt der Hund das gleiche Verhalten, bekommt aber keine Reaktion? So kann der Hund nicht lernen und wird Sie als Anführer auch nicht ernst nehmen.

DIE BASICS

Es gibt gewisse Basics, die jeder Hund beherrschen sollte, um ein gutes und entspanntes Miteinander im Alltag zu schaffen. Dazu gehören Dinge, wie z. B. nicht in die Wohnung zu machen, Besucher ruhig zu empfangen oder, wenn man den Hund irgendwohin mitnehmen möchte, ruhig und ordentlich an der Leine zu laufen. Im Folgenden werden diese einzelnen Punkte genauer erläutert und Trainingsansätze aufgezeigt, um die genannten Situationen etwas stressfreier zu gestalten.

Stubenreinheit

Das Problem der Stubenreinheit betrifft nicht nur junge Hunde, sondern beispielsweise auch Straßenhunde, die adoptiert wurden und noch nicht wissen, dass man im Haus nicht sein Geschäft verrichtet.

Das Training zur Stubenreinheit kann oft einige Nerven kosten. Manchmal dauert es länger und manchmal verstehen die Hunde auch ganz schnell, was man von ihnen möchte. Ganz häufig denkt man, dass der Hund es endlich verstanden hat, und dann gibt es wieder Rückfälle. Dennoch ist hier Bestrafung oder Ungeduld gänzlich fehl am Platz. Das verunsichert den Hund zusätzlich, baut Druck auf und ist nicht förderlich für das Vertrauen und eine innige Beziehung zwischen Mensch und Hund. Auch wenn es manchmal frustrierend sein kann, schlucken Sie Ihren Ärger unbedingt herunter, damit kommen Sie nicht weiter.

Hunde sind generell sehr reinliche Tiere und halten ihr Zuhause sauber. Sie würden nie freiwillig an eine Stelle machen, wo sie sonst liegen und schlafen. Allerdings können vor allem kleine Hunde rein körperlich ihre Blase noch nicht kontrollieren. Das heißt, wenn der Welpe muss, dann muss er – und dann macht er auch. Deshalb sollten Sie dem kleinen Vierbeiner alle 2 Stunden die Möglichkeit geben, sich zu erleichtern. Wichtig ist dabei, für den Welpen einen Ort zu suchen, an dem wenig Ablenkung herrscht. Sind die Kleinen sehr aufgeregt, vergessen sie auch schon einmal, dass sie müssen, und das Unglück passiert dann in der Wohnung.

Tipp: Bleiben Sie mit Ihrem Welpen nach der Verrichtung des Geschäfts noch 5-10 Minuten länger draußen, sonst entsteht die Verknüpfung, dass der Hund gleich wieder reingehen muss, wenn er sein Geschäft verrichtet hat, und dann zieht er den Spaziergang womöglich absichtlich in die Länge.

Besonders, wenn die Kleinen lange geschlafen haben und gerade aufwachen, sowie nach dem Essen oder Spielen sind anfällige Zeiten. Um hier vorzubeugen, sollten Sie dann immer mit dem Hund nach draußen gehen. Sie können Ihren Hund zudem genau beobachten. Er wird mit der Zeit Anzeichen entwickeln, sodass Sie bereits vorher sehen können, dass er muss. Das kann z. B. ein Fiepen, Blickkontakt mit der Bezugsperson, aufgeregtes Hin- und Herlaufen, eine Ecke suchen oder in Richtung Tür laufen sein. Nehmen Sie das ernst und gehen Sie in solchen Fällen sofort mit dem Hund raus.

Wichtig ist ebenfalls, den Hund zu belohnen, wenn er draußen sein Geschäft verrichtet. Er soll unbedingt merken, dass Sie das gut finden und ihn dafür belohnen. Achten Sie jedoch darauf, dass Sie mit dem Lob nicht schon währenddessen anfangen. Das kann dazu führen, dass Sie den Hund unterbrechen. Warten Sie also damit, Ihre Freude zu zeigen, bis alles erledigt ist. In der Regel sind junge Hunde mit ca. 6 Monaten stubenrein. Sollte es bei Ihrem Hund deutlich länger dauern, ist es ratsam, beim Tierarzt abklären zu lassen, ob organisch alles in Ordnung ist. Eine Blasenentzündung kann beispielsweise dazu führen, dass der Hund seinen Urin nicht halten kann.

Methoden, wie den Hund zu schimpfen oder ihn gar mit der Nase in seine eigene Hinterlassenschaft zu stupsen, sind völlig fehl am Platz und überholt. Das führt allerhöchstens dazu, dass der Hund Angst davor bekommt, in Ihrer Anwesenheit sein Geschäft zu verrichten. Daher wird er lieber einen unbeobachteten Moment suchen, um heimlich in eine Ecke zu machen. Genau das, was wir nicht wollen. Der Hund soll immerhin lernen, anzuzeigen, dass er muss. Zudem kann der Hund auch gar keinen Zusammenhang zwischen seinem Missgeschick und der Strafe herstellen. Da wahrscheinlich keine Freude herrscht, wenn so etwas passiert, ist es ratsam, den Hund zu ignorieren und das Missgeschick wortlos zu beseitigen.

Leinenführigkeit

Ihr Hund ist daran gewöhnt, an der Leine zu ziehen? Sie haben den Hund entweder schon mit dieser Angewohnheit bekommen oder das Ziehen an der Leine hat sich durch mangelnde Konsequenz allmählich etabliert? Diese Gewohnheit wird Ihr Hund wahrscheinlich nicht von heute auf morgen ablegen können, deshalb sollten Sie versuchen, eine neue Struktur einzuführen. Dazu sollte der Hund ein Halsband und ein Geschirr tragen. Sie etablieren also das Führen des Hundes mit zwei verschiedenen Führungspunkten. Zudem brauchen Sie eine verstellbare Leine von 2 Metern in maximaler Länge. Ziel dieser neuen Übung ist, dass der Hund am Halsband ohne Zug läuft, schnüffeln und sich lösen ist tabu. Ist die Leine am Geschirr befestigt, ist leichtes Ziehen erlaubt und der Hund darf schnüffeln und sich lösen. So viel zum Grundprinzip des Leinen-Trainings.

Wenn Sie das Haus verlassen, ist der Hund immer am Halsband zu führen. Stellen Sie schon in der Türe klar, dass es nicht losgeht, bevor der Hund Ihnen seine Aufmerksamkeit schenkt, indem er Sie anschaut. Steht der Hund neben Ihnen, sollte die Leine leicht durchhängen. Die

Leinen-Hand sollte dabei stabil bleiben, d. h., wenn Ihr Hund an der Leine zieht, gehen Sie in dieser Bewegung nicht mit. Am Anfang jedes Spaziergangs ist Schnüffeln und das Verrichten des Geschäfts erst einmal nicht erlaubt, da die Erwartungshaltung Ihres Hundes wahrscheinlich eher die ist, dass er Sie aus dem Haus zieht, zielgerichtet zum ersten aufregenden Schnüffel-Punkt läuft und markiert. Diese Erwartungshaltung des Hundes wird nun verändert zu: „Ich achte auf mein Herrchen, damit ich schnüffeln darf." Wann der Hund diese Freiheiten dann bekommt, hängt davon ab, wie gut er mitarbeitet. Sie gehen also bestimmt los und lassen sich dabei von Ihrem Hund nicht abdrängen. Läuft er Ihnen vor die Füße, bleiben Sie stehen und schieben ihn ruhig und bestimmt wieder an Ihre Seite. Frust hat an dieser Stelle nichts zu suchen.

Ist der Hund nicht aufmerksam, nutzen Sie Gegenstände aus der Umgebung, wie z. B. einen Pfosten, einen Baum oder Ähnliches, um den Fokus auf Sie zurückzulenken. Das tun Sie, indem Sie die genannten Objekte umrunden oder einfach einmal die Richtung wechseln. Dabei wird die Drehung immer in Richtung des Hundes gemacht. Sie können ebenfalls einmal 1-2 Schritte rückwärtsgehen, um den Hund aus seinem Vorwärtsdrang rauszuholen. Ganz wichtig ist zudem, das Verhalten, dass Sie sich von Ihrem Hund wünschen, zu belohnen. Geht der Hund also ein paar Meter an der lockeren Leine, ohne zu ziehen, oder schaut er Sie von selbst an, sollten Sie das auch wertschätzen. Sie können hier mit einem Lob arbeiten (achten Sie auf eine ruhige Stimme) oder mit einem Leckerli belohnen. Der Hund erkennt so mit der Zeit, dass ihm dieses Verhalten Vorteile bringt.

Haben Sie einen sehr temperamentvollen Hund, so reicht es bei dieser Struktur, wenn er am Anfang einige Meter ruhig an der Leine geht. Ist das der Fall, halten Sie nun an, schnallen die Leine an das Geschirr und verlängern sie etwas. Geben Sie dem Hund ein OK, welches nun Zeichen dafür ist, dass er schnüffeln und sein Geschäft verrichten darf. So soll der Hund lernen, dass er durch die lockere Leine an sein Ziel kommt. Narrenfreiheit gibt es aber auch an der längeren Leine nicht. Moderates Ziehen ist erlaubt, stemmt der Hund sich aber mit seinem ganzen Gewicht in die Leine, wird auch das korrigiert. Wenn der Hund beispielsweise stark nach links zieht, machen Sie 2-3 Schritte nach rechts. Zieht er zu stark nach vorne, helfen 1-2 Schritte rückwärts, damit der Hund merkt „mit Ziehen komme ich nicht ans Ziel". Genauso verhalten Sie sich auch, wenn der Hund ein besonderes Interesse an einer bestimmten Stelle hat. Er hängt sich in die Leine und möchte unbedingt zu dieser Stelle ziehen. In einem solchen Moment bleiben Sie einfach stehen und halten die Leine gespannt, Sie rücken nicht und warten einfach, bis der Hund auf die Idee kommt, Ihnen wieder Aufmerksamkeit zu schenken. Ist das der Fall, können Sie dieses Verhalten belohnen und gemeinsam mit Ihrem Hund zu der beliebten Schnüffel-Stelle gehen. Der Hund lernt in diesem Fall, dass er durch Ziehen an der Leine nicht seinen Willen bekommt, aber wenn er Kontakt mit seinem Besitzer aufnimmt, bekommt er seine Wünsche erfüllt.

Natürlich sollte der Hund aber trotzdem auch immer genug Auslauf auf den Spaziergängen haben, sei es im Freilauf oder an der Schleppleine.

Am wichtigsten beim Leinen-Training ist die Konsequenz. Zieht der Hund nicht an der Leine, so belohnt er sich damit selbst, da er seinen Willen bekommt. Auch wenn mehrere Familienmitglieder mit dem Hund spazieren gehen, sollten Sie sicherstellen, dass alle mitarbeiten und das Leinen-Training konsequent anwenden, sonst bleiben die Erfolge aus.

Sozialverhalten

Typischerweise ist das Sozialverhalten von Hunden eher auf Menschen ausgerichtet als auf andere Artgenossen. Das liegt vor allem daran, dass der heutige Haushund über Generationen hinweg eigentlich mehr Kontakt mit dem Menschen hatte als mit anderen Hunden. Dennoch ist es für den Hund sehr wichtig, auch soziale Kontakte mit Artgenossen zu haben. Besonders im jungen Hundealter ist es so, dass es im weiteren Verlauf zu Verhaltensauffälligkeiten kommen kann, wenn Sie andere Hunde meiden und Ihr kleiner Welpe nicht lernt, richtig mit Artgenossen umzugehen. Sie möchten also gerne, dass Ihr Hund entspannt und freudig auf Artgenossen zugeht und keinen Aufstand an der Leine probt, sobald ein anderer Hund in die Nähe kommt? Dann ist es besonders wichtig, dass Sie Ihrem Hund gestatten, sich in sozialen Hundegruppen zu bewegen, wo er die Regeln und Verhaltensweisen der Artgenossen lernen kann. Im Folgenden finden Sie dennoch ein paar Punkte, auf die Sie bei Hundebegegnungen achten sollten:

- Soll Ihr Hund einen neuen Freund kennenlernen, so ist es immer gut, eine erste Begegnung auf neutralem Boden zu arrangieren. Findet eine erste Begegnung im heimischen Garten statt, so kann der Hund, der dort wohnt, es immer als Eindringen in sein Territorium verstehen und erst einmal nicht sehr freundlich reagieren. Deshalb ist es immer besser, wenn die Hunde sich vorher schon einmal bei einem Spaziergang begegnet sind und sich ein wenig kennenlernen durften.

- Es empfiehlt sich, die Hunde auch zunächst an der Leine zu lassen und ihnen die Möglichkeit zu geben, sich auf Abstand etwas kennenzulernen. Gehen Sie am besten zunächst einige hundert Meter zusammen spazieren, bevor Sie die Hunde letzten Endes ableinen. So können sich die beiden zunächst etwas auf Abstand kennenlernen und den Geruch des jeweils anderen aufnehmen.

- Bleiben Sie auch, wenn die Hunde abgeleint sind, zunächst in Bewegung.
- Geben Sie den Hunden die Möglichkeit, frei miteinander zu kommunizieren, auch wenn das vielleicht nicht immer ganz freundlich ist. Sollte es jedoch zu ernsthaften Streitigkeiten führen, so sollten Sie als Rudelführer eingreifen, um eventuelle Verletzungen Ihres Hundes zu vermeiden.
- Achten Sie bei der Begegnung mit fremden Hunden immer auf die Körpersprache des anderen Hundes und auf jene Ihres eigenen. Sie können bereits vor dem Kontakt die Stimmung zwischen den beiden Hunden spüren. Baut der entgegenkommende Hund sich auf, versteift sich und stellt einen Kamm, sollten Sie dem gemeinsamen Spiel mit Vorsicht gegenübertreten, denn das sind Warnsignale dafür, dass der Hund nicht entspannt ist. Wedeln hingegen beide mit den Schwänzen und sind neugierig und strahlen eine freundliche und positive Energie aus, steht dem gemeinsamen Spiel ohne Leine wohl nichts mehr im Wege.

Hunde kommunizieren untereinander vorwiegend nonverbal durch Körpersprache, Mimik und Gestik, aber auch taktile und chemische Kommunikation spielen eine große Rolle. Zu dem innerartlichen Ausdrucksverhalten von Hunden gehören Balz-, Droh- und Beschwichtigungsgebärden. Dennoch hat der Mensch den Hund durch die große Variabilität an Hunderassen und deren unterschiedliches Aussehen in seinen Ausdrucksmöglichkeiten enorm eingeschränkt. Zu starke Behaarung, kupierte Schwänze und Ohren und flache Nasen führen dazu, dass die normale Körpersprache des Hundes nicht mehr möglich ist. Dadurch kommt es häufiger zu Missverständnissen und Konflikten untereinander. Daher ist es besonders im jungen Hundealter sehr wichtig, dass Ihr Hund auch mit unterschiedlichen Hunderassen in Kontakt kommt. Hunde, die in ihrer körpersprachlichen Ausdrucksweise stark eingeschränkt sind, müssen lernen, anderweitig mit Artgenossen zu kommunizieren. Die Artgenossen müssen ebenfalls lernen, diese Hunde zu verstehen. Im Kapitel „Körpersprache“ finden Sie einige Signale Ihres Hundes und deren Bedeutung.

WAS BRAUCHT EIN WELPE?

Wenn ein Welpe in einer neuen Familie einzieht, ist das für ihn eine sehr große Veränderung. Die ersten Wochen seines Lebens hat der Kleine die ganze Zeit mit seiner Mutter und seinen Geschwistern verbracht. Nun zieht er alleine in ein neues Haus mit fremden Menschen, weg von Mutter und Geschwistern. Dass der Kleine sich zunächst allein fühlt und vielleicht die ersten Tage etwas trauert, kann wahrscheinlich jeder Hundebesitzer gut nachvollziehen. Dennoch wird der Kleine zu seinen neuen Menschen schnell Vertrauen fassen. Um dieses Vertrauen aufrechtzuerhalten, müssen die Grundbedürfnisse nach Futter, Wasser und viel Ruhe und Schlaf erfüllt sein. Dann kann der Kleine damit starten, seine Umwelt in kleinen Schritten zu erkunden. Seine Menschen sollten ihm dabei mit viel Geduld und einem sicheren Ort zur Seite stehen.

Vorbereitungen:

Bevor der Welpe bei Ihnen einzieht, sollten einige Vorbereitungen getroffen werden. Darunter fällt z. B., das Haus oder die Wohnung und – besonders wichtig – den Garten welpensicher zu gestalten. Stellen Sie also sicher, dass der Kleine nicht aus dem Garten abhauen kann. Im Haus sollten Sie zunächst alles, was Ihnen wichtig ist, außerhalb der Reichweite des Welpen platzieren. Es kann schon einmal vorkommen, dass in den ersten Wochen Schuhe angeknabbert werden, da der Kleine noch nicht gelernt hat, was seine Spielsachen sind und was dem Menschen gehört. Zudem sollten Sie die wichtigsten Dinge für den Hund im Haus haben, dazu zählen u. a. Futter, Körbchen, Halsband oder Geschirr, Leine und Spielsachen. Auch dem Welpen selbst kann man die erste Zeit etwas vereinfachen, indem man ihn vor der Abholung regelmäßig besucht, sodass er bereits seine neuen Menschen kennt und ihren Geruch aufnehmen kann.

Die ersten Tage:

In den ersten Tagen geht es nur darum, dass der Kleine eine Bindung zu seinen neuen Menschen aufbaut. Es geht ums Kennenlernen und Eingewöhnen im neuen Zuhause. Spaziergänge können Sie zu Beginn erst einmal zurückstellen. Zum einen haben Welpen noch nicht die Kondition und den Knochenbau, um auf lange Spaziergänge zu gehen, und zum anderen reicht es, wenn der Kleine zunächst das Haus, den Garten und evtl. die nahe Umgebung des Hauses erkundet. Hier werden die Eindrücke und Reize schon extrem für den Kleinen sein. Woran Sie natürlich von Beginn an arbeiten sollten, ist die Stubenreinheit. Regelmäßig vor die Türe muss der Kleine sowieso.

Die Schlafsituation:

Gerade in den Nächten, wenn der Trubel des Tages abfällt, wird sich ihr Welpe besonders allein fühlen. In den ersten Nächten ist es daher hilfreich, den Kleinen in einer schützenden Box schlafen zu lassen. Stellen Sie diese an Ihr Bett. Dann merken Sie ebenfalls, wenn der Kleine unruhig wird und zur Toilette muss. Ein weiterer Vorteil ist, dass der Welpe nicht unbeaufsichtigt im Haus herumläuft, dabei Dinge anknabbert und überall hinmacht. Sie können dann mit der Zeit den Abstand der Box zum Bett erhöhen, bis sie schließlich dort steht, wo der Welpe auch letzten Endes schlafen soll. Möchten Sie den Hund nicht im Schlafzimmer haben, so sollten Sie die Box dorthin stellen, wo der Kleine zukünftig schlafen soll. Sie sollten ihn jedoch vorerst nicht alleine lassen. Stellen Sie sich eine Liege auf und schlafen Sie bei dem Kleinen, bis er sich eingelebt hat. Das wird eine innige Bindung zwischen Ihnen aufbauen.

Spaziergänge und Entdeckungstouren:

Zu Beginn gilt: Große Spaziergänge sind tabu. Der Knochenapparat ist bei jungen Hunden noch nicht genug ausgebildet und gefestigt, sodass es zu Überbeanspruchung und Spätfolgen kommen kann.

Faustregel: Nur so viele Minuten spazieren gehen, wie der Welpe Wochen alt ist. Ist der Hund also 10 Wochen, sollten die Spaziergänge auch nicht länger als 10 Minuten dauern. Schnüffelt der Kleine viel oder Sie machen eine Pause auf einer Bank, zählt das nicht als Spaziergang. Es gilt die reine Laufzeit.

Die intensive Prägungsphase eines Welpen dauert i. d. R. von der 3. Lebenswoche bis zur 16. Das bedeutet für den Besitzer: Alles, was der Welpe in diesen Wochen kennenlernt – alle Erfahrungen, ob positiv oder negativ, die der Welpe in dieser Zeit macht – prägen sein Wesen. Das ist für Sie die Chance, Ihrem Hund alle möglichen Dinge zu zeigen, sodass er später einmal viele Dinge bereits kennt, was ihn selbstsicher und nervenstark macht. Sie können sich daher einen kleinen Plan von den Dingen erstellen, bei denen es Ihnen wichtig ist, dass der Kleine sie kennenlernt. Das können Dinge wie Kontakt mit Kindern, Straßenverkehr, Arbeitsplatz, Wildtiere, die Stadt etc. sein. Zeigen Sie dem kleinen Hund alles, was Ihnen wichtig ist, sodass sich der Hund wohlfühlt und nicht gestresst ist. Dabei ist ganz wichtig, dass Sie den Kleinen bei solchen Erkundungstouren nicht aus der Hand geben. Sie geben dem kleinen Hund Sicherheit und bei Ihnen soll er Schutz suchen und finden, wenn doch einmal etwas gruselig ist. Passen Sie auch auf, dass Sie den Kleinen nicht überfordern. Lassen Sie ihn selbst entscheiden, wie nah er an einen neuen Gegenstand gehen möchte, und geben Sie ihm Zeit, auch einfach nur zu beobachten. Wichtig ist, dass Ihr Hund diese Situationen positiv in Erinnerung behält. Auch wenn ihm einmal etwas Angst macht, versuchen Sie, das Ganze wieder in etwas Positives für den Kleinen zu verwandeln. Denn natürlich können auch in dieser Zeit nicht nur positive Erfahrungen gemacht werden, auch die negativen werden sich einprägen.

Ruhephasen:

Ganz wichtig ist, dass Ihr kleiner Welpe genug Schlaf bekommt, 18 Stunden am Tag sind das Minimum. Haben Sie nichts vor, ist es immer gut, den Kleinen so lange schlafen zu lassen, bis er von selbst aufwacht. Wecken Sie ihn also nicht auf, es sei denn, es geht nicht anders. Das ist nicht nur wichtig für die Gesundheit des Hundes und die Entwicklung seines Wesens, sondern es ist auch ein ganz wichtiger Punkt in der Hundeerziehung. Der Hund muss lernen, dass es Aktivitätsphasen, aber auch Ruhephasen über den Tag verteilt gibt. Keiner möchte, dass der Hund von Beginn an lernt, dass er den ganzen Tag bespaßt wird.

Welpenschule und soziale Kontakte:

Soziale Kontakte mit Artgenossen sind wichtig, damit der Kleine lernt, wie er sich in Hundegesellschaft zu verhalten hat. Auch hier gibt es Regeln. Wichtig zu verstehen ist, dass der Hund nicht mit jedem Artgenossen spielen muss. Auch in der Hundewelt gibt es Sympathie und Antipathie, d. h., ob die Hunde miteinander spielen oder einfach aneinander vorbeigehen und sich wenig beachten, ist zweitrangig. Wichtig ist, dass solche Begegnungen immer stressfrei und ohne Aggression ablaufen. Achten Sie darauf, dass Sie Ihren Hund mit gut sozialisierten Hunden Kontakt haben lassen. Von ihnen kann er lernen, wie man sich richtig gegenüber Artgenossen verhält. Genauso müssen Sie darauf achten, dass Ihr Kleiner nicht von Artgenossen schikaniert, gejagt oder gar gebissen wird. Davor sollten Sie ihn unbedingt schützen. Es gibt nämlich leider auch sehr viele unsozialisierte Hunde und diese Begegnungen sollten Sie vermeiden, da sie die Sozialisierung Ihres eigenen Hundes gefährden. Wichtig ist daher auch die richtige Auswahl der Welpenschule. Es gibt sicherlich sehr viele gute Einrichtungen, in denen man sehr viel lernen kann. Leider ist es aber so, dass nicht alle Welpenschulen auch immer gut sind. Hier einige Punkte, auf die Sie bei der Auswahl der Welpenschule achten sollten:

- Rassespezifische Welpenschulen: Wie bereits im Kapitel „Sozialverhalten" erklärt, haben Hunde unterschiedlicher Rassen unterschiedliche Körpersprachen entwickelt, daher ist es wichtig, dass der Welpe nicht nur mit Hunden der gleichen Rasse zusammenkommt. Es findet sonst eine einseitige Prägung statt.

- Kommandos erlernen: Achten Sie darauf, dass die Welpenschulen nicht zu viel verlangen und Ihren kleinen Hund dadurch überfordern. In der Welpenschule soll es primär darum gehen, Erfahrungen zu sammeln, die Welt zu entdecken und mit Gleichaltrigen in Kontakt zu kommen sowie die gesellschaftlichen Hunderegeln zu lernen.

- Dauer: Achten Sie darauf, dass die Welpenstunde nicht zu lange dauert. Eine Stunde kann für einen Welpen körperlich und psychisch schon viel zu lange sein. Erholungspausen während der Stunde sind ganz wichtig und sollten dem Kleinen unbedingt gestattet werden. Ist alles zu viel für Ihren Welpen, sollten Sie lieber abbrechen und es beim nächsten Mal noch einmal versuchen.

- Freies Spielen: Freies Spielen ist wichtig, sollte aber immer unter Beobachtung und nie uneingeschränkt stattfinden. Es ist nämlich prädestiniert dafür, dass jüngere und sensiblere Hunde bereits erste Opfer-Erfahrungen machen. Man muss hier das richtige Maß finden, was manchmal wirklich schwer sein kann. Zu viele negative Erfahrungen mit Artgenossen lassen einen unsicheren Hund heranwachsen, übertriebenes Schonen des Kleinen führt auch zu keinem gut sozialisierten Hund. Dennoch sollten Sie unbedingt darauf achten, dass die anderen Hunde nicht ständig auf Ihrem Welpen herumhacken. Genauso wenig sollte Ihr Hund Jüngere schikanieren.

Mögliche Gefahren:

Welpen haben noch nicht die Fähigkeit, abzuschätzen, was für sie gefährlich werden könnte. Deshalb müssen Sie in den ersten Wochen besonders aufpassen. Vor allem im Garten gibt es einige Gefahren, die Sie beachten sollten:

- Giftige Pflanzen fressen
- Wasser, wenn es keinen geeigneten Ausstieg für den Hund gibt
- Stromschläge, wenn Kabel angeknabbert werden
- Teile von Spielzeugen verschlucken
- Hängenbleiben mit dem Halsband
- Feuer oder Hitze
- Unfreundliche Katzen
- Gartengifte oder Dünger
- Wasserballons, die platzen und verschluckt werden, können zur tödlichen Gefahr werden
- Teiche mit schlechter Wasserqualität oder Krankheitserregern

Welpen aus dem Tierschutz

Sollten Sie einen Welpen aus dem Tierschutz übernommen haben, so braucht dieser in vielen Fällen besondere Zuwendung. Je nachdem, wo die Welpen herkommen – ob sie auf der Straße oder im Tierheim im Ausland gelebt haben oder dort geboren wurden –, haben diese Hunde schon einiges durchgemacht. Auf der Straße ist das Leben hart, sie haben vielleicht Kontakt mit unfreundlichen Artgenossen gehabt oder wurden von Menschen vertrieben. Die Tierheime im Ausland sind häufig überfüllt, sodass es dort auch nicht besser ist. Es ist laut und stinkt und die meisten Hunde haben nicht einmal ein Bett in ihrem Zwinger.

Fakt ist: Ab Lebenswoche 3 beginnt die Prägungsphase der Welpen, was bedeutet, dass alle schlechten Erfahrungen, die die Hunde dann machen, zu ihrer Wesensentwicklung beitragen. Deshalb sollten Sie bei Hunden aus dem Tierschutz besonderes Verständnis für die Situation der Tiere haben. Viele haben bereits in jungem Alter mit Ängsten zu kämpfen und das sollten Sie unbedingt respektieren. Haben Sie Verständnis, dass diese Hunde bereits Schlimmes durchgemacht haben und alles neu lernen müssen. Gerade Hunde, die schlechte Erfahrungen mit Menschen gemacht haben, brauchen wahrscheinlich besonders lang, um eine Bindung zu Ihnen aufzubauen. Ist dies jedoch einmal geschehen, sind diese Hunde sehr dankbar und werden Ihnen alles zurückzahlen.

WAS BRAUCHT EIN HUND AUS ZWEITER HAND?

Mittlerweile gibt es zahlreiche Alternativen zum Hund vom Züchter. Es gibt nicht nur zahlreiche Tiere in den deutschen Tierheimen. Mittlerweile haben es sich auch zahlreiche Vereine zur Aufgabe gemacht, Tiere aus schlimmen Bedingungen im Ausland zu retten und nach Deutschland zu vermitteln. Fakt ist: Wer sich für einen solchen Hund entscheidet, entscheidet sich in der Regel nicht für den einfachen Weg. Diese Tiere haben oft schlimme Dinge erlebt und sind traumatisiert. Dennoch: Wer einen solchen Hund bei sich aufnimmt, betreibt aktiv Tierschutz. Es ist nicht nur dem adoptierten Hund geholfen, auch der frei gewordene Platz hilft einem weiteren Hund, von der Straße wegzukommen und ein schönes Zuhause zu finden.

Sollten Sie sich für einen Hund „aus zweiter Hand" entscheiden, so ist eines ganz besonders wichtig: viel Geduld. Im Gegensatz zu den Hunden vom Züchter sind diese Hunde meist schon etwas älter und haben zuweilen auch eine dunkle Vorgeschichte, von der wahrscheinlich nur wenig bekannt ist. Ihnen helfen allerdings jegliche Informationen, wenn Sie einen Tierschutzhund aufnehmen möchten. Fragen Sie also ganz genau nach, was aus der Vergangenheit des erwählten Hundes bekannt ist. Jedes Detail kann Ihnen helfen, Ihren Vierbeiner besser zu verstehen. Es muss aber auch klar sein, dass das Tierheim nur eine vorübergehende Station des Hundes ist. Eine tatsächliche Beschreibung des Charakters abzugeben, ist daher eher schwierig und eher eine Momentaufnahme. In dem neuen Zuhause kann sich der Charakter in eine ganz andere Richtung entwickeln. Das kann sowohl positive als auch negative Entwicklungen bedeuten.

Generell gilt, den Neuankömmling in der ersten Zeit genau zu beobachten. Beobachten Sie, wie er auf spezielle Dinge reagiert. Hat er vielleicht Angst vor bestimmten Situationen, ein Problem mit fremden Menschen oder anderen Hunden? Zögern Sie dann nicht, sich professionelle Hilfe zu holen. Man kann an allem arbeiten. Generell empfiehlt es sich, nach einer Eingewöhnungsphase die Hundeschule zu besuchen. Achten Sie gerade bei Tierschutzhunden darauf, dass Sie diese zunächst nicht von der Leine lassen. Sie wissen wahrscheinlich wenig über die Vergangenheit des Hundes und eine innige Bindung zu Ihnen hat er wahrscheinlich noch nicht aufgebaut. Daher sind Spaziergänge mit Schleppleine in der ersten Zeit die bessere Wahl.

Es kann außerdem sein, dass es in den ersten Tagen, unter anderem auch durch die Futterumstellung, zu stressbedingtem Durchfall und zu erbrechen kommt. Der Hund sollte dann erst einmal Schonkost in Form von magerem Fleisch, z. B. Hühnchen mit Kartoffelbrei oder Reis, bekommen. Auch Hüttenkäse oder Quark können untergemischt werden. Achten Sie bei anhaltendem Durchfall darauf, dass der Hund genug trinkt. Sollten sich die Symptome nicht bessern, sollten Sie einen Tierarzt aufsuchen. Gerade in den Mittelmeerregionen sind Parasiten, die Durchfall auslösen, weit verbreitet. Hier hilft eine Kotprobe mit anschließender Wurmkur. Denken Sie bei der Anschaffung eines Hundes doch einmal darüber nach, ob Sie nicht ein Leben retten wollen und einen Hund aus dem Tierschutz statt vom Züchter nehmen. Sie verhelfen damit vielen Tieren zu einem besseren Leben ohne Hunger, Angst und Ungewissheit.

Anders & doch so gleich

VERSCHIEDENE HUNDETYPEN & IHRE BEDÜRFNISSE

Hunde sind genauso unterschiedlich wie ihre Herrchen. Für unterschiedliche Zwecke gezüchtet, weisen die unterschiedlichen Rassen auch verschiedene Charaktereigenschaften auf. Dennoch ist zu beachten, dass es immer Hunde geben kann, die aus diesem Schema fallen, getreu dem Motto „Ausnahmen bestätigen die Regel“. Es ist daher immer gut, sich vor der Anschaffung eines Hundes über die jeweiligen Eigenschaften einer Rasse zu informieren. Soll es denn überhaupt ein reinrassiger Hund und kein Mix sein? Im Folgenden werden die unterschiedlichen Hundetypen beschrieben und jeweils auch Beispiele für typische Rassen dieser Typen genannt.

HUNDETYPEN

Neben den unterschiedlichen Rasseeigenschaften, die natürlich genetisch in den Hunden verankert sind, gibt es auch Unterscheidungsmerkmale, die weniger auf die Rasse zurückzuführen sind. So können Hunde z. B. dominant oder nervös und unsicher oder gar ängstlich sein. Diese Eigenschaften haben weniger mit der Rasse selbst zu tun als mit dem Erlebten in der Prägungsphase. So kann beispielsweise ein Australian Shepherd ein dominanter und selbstsicherer Hund sein, aber genauso gut schüchtern und unsicher. Es hängt hier sehr viel davon ab, was die Hunde in jungen Jahren erlebt haben.

Der dominante Typ

Der dominante Hundetyp kommt eher selten vor. Häufig wird dominantes Verhalten verwechselt mit den Auswirkungen einer mangelhaften Erziehung. Ein unerzogener Hund ist aber nicht immer auch ein dominanter Hund. Ein Hund, der beispielsweise Futter einfordert, seine Menschen anspringt und einen Platz im Bett für sich beansprucht, hat schlichtweg nicht gelernt, dass ein solches Verhalten Konsequenzen hat. Mit Dominanz hat das recht wenig zu tun.

Es ist tatsächlich ein großer Irrglaube, dass dominante Hunde die lautesten in einer Gruppe sind und sich mitten in das Getümmel stürzen. Dominante Hunde verhalten sich eher unauffällig, solange sie konform gehen mit dem, was um sie herum passiert. Sie sind souverän und präsent. Sie kontrollieren und organisieren Situationen, kaum merklich für den Menschen, und strahlen Ruhe und Gelassenheit aus. In einer Hundegruppe hält sich ein wahrhaft dominanter Hund eher am Rand auf und beschäftigt sich mehr mit der Umgebung als mit den Artgenossen. Sollte sich allerdings Ärger in der Hundemeute ankündigen, so wird er sich einmischen und die Gruppe durchkreuzen. Meist reicht

schon die Präsenz des dominanten Hundes, um die Streithähne zu trennen und dem Streit vorzubeugen. Genauso geht der Hund allerdings auch mit dem Menschen um. Unbemerkt korrigiert der Hund seinen Menschen beispielsweise auf Spaziergängen, kreuzt seinen Weg und zwingt ihn so unbewusst, in eine bestimmte Richtung zu gehen.
Sie sehen: Der dominante Hundetyp wird oft überhaupt nicht als ein solcher wahrgenommen. Fälschlicherweise gelten auch im Volksmund unerzogene Hunde als dominant. Wer jedoch einen dominanten Hund sein Eigen nennen darf, der wird keine größeren Probleme mit diesem haben. Meist sind das freundliche Hunde, die der Mensch durchaus überallhin mitnehmen kann.

Nervös und unsicher

Nervosität und Unsicherheit sind die Vorstufe von Angst und immer mit enormem Stress für den betroffenen Hund verbunden. Generell ist eine Stressreaktion des Hundes auf neue Situationen bis zu einem gewissen Grad normal und der Hund kann gut damit umgehen, wenn er sich einmal an die neue Situation gewöhnt hat. Ein unsicherer Hund hat meist nie gelernt, mit solchen Stresssituationen umzugehen. Im schlimmsten Fall kann das sogar in Aggression umschlagen. Grundsätzlich sollte man sich in solchen Situationen fragen, warum der Hund so reagiert: Hat er vielleicht schlechte Erfahrungen gemacht? Es gibt gute Trainingsmethoden (Kapitel zu Desensibilisierung und Gegenkonditionierung), den Hund an neue Situationen zu gewöhnen und ihm mit seiner Unsicherheit zu helfen. Wichtig ist aber vor allem ein starker Mensch an seiner Seite, der sich von der Nervosität des Hundes nicht mitreißen lässt, sondern einen sicheren Hafen für den Hund bietet.

RASSESPEZIFISCHE UNTERSCHIEDE

Neben den charakterlichen Unterschieden, die durch die individuellen Erfahrungen der Hunde entstanden sind, gibt es aber ebenfalls rassetypische Charaktereigenschaften. Das bedeutet allerdings nicht, dass jeder Hund dieser Rasse auch die im Folgenden beschriebenen Eigenschaften hat. Wie bereits erwähnt, spielen die Erfahrungen der Hunde in jungen Jahren eine große Rolle für die Entwicklung ihres Wesens.

Sportlich, aufgeweckt & quirlig: Der Jagdhund

Gezüchtet, um dem Menschen bei der Jagd zu unterstützen, hat der Jagdhund einen unermüdlichen Bewegungsdrang. Vor allem die größeren Rassen unter den Jagdhunden sind daher gute Begleiter für Menschen, die sehr viel Zeit im Grünen verbringen und mit ihrem Hund Sport treiben möchten. Dennoch kann dieser Typ Hund seinem Menschen durch sein Jagdverhalten auch den letzten Nerv rauben. Um seinen Jagdtrieb ausleben zu können, sollten mit dem Hund Trainingseinheiten, wie Spurensuche, absolviert werden. Den Jagdtrieb zu unterdrücken und dem Hund keine Alternative zum Ausleben dieser Triebe zu geben, wird wenig Erfolg bringen. Daher ist die Erziehung eines Jagdhundes sehr zeitintensiv und wird auch ein Leben lang nötig sein.

Viele Rassen, wie der Dackel, der Jack Russell Terrier, der Beagle und Co., sind mittlerweile zu beliebten Familienhunderassen geworden. Dabei wissen die Besitzer oft gar nicht über die Passion der Tiere Bescheid und sind überrascht, wenn dem ersten Kaninchen nachgerannt wird. Dennoch vereinen die Jagdhunde so vielmehr in sich, als dass man sie nur für die Jagd einsetzen könnte. Was viele nicht wissen: Auch die beliebten Retriever-Rassen, wie Golden Retriever und Labrador, wurden ursprünglich für Jagdzwecke gezüchtet. Noch heute werden diese von Jägern eingesetzt, wenn sich große Gewässerbereiche in ihrem Revier befinden. Dennoch sind die Jagdinstinkte bei diesen Rassen heute weniger ausgeprägt als beispielsweise beim Setter oder dem aus Ungarn stammenden Magyar Vizsla.

Werden diese Hunderassen nicht zur Jagd eingesetzt, ist die körperliche und geistige Auslastung noch viel wichtiger, um einen ausgeglichenen Hund zu haben. Joggen und Radfahren sowie Wanderungen sind für diese Hunde ideal. Auch die geistige Auslastung sollte nicht zu kurz kommen. Ein Jagdhund, der unterfordert ist und seine Triebe nicht ausleben darf, wird früher oder später immer schwieriger zu kontrollieren sein und sich verselbstständigen. Dennoch ist es aber genauso wichtig, dem Hund Ruhephasen zu gönnen, da insbesondere Terrier gerne dazu neigen, zu „überdrehen". Der Hund muss verstehen, dass es sowohl Ruhe- als auch Aktivitätsphasen gibt. Jagdhunde sind meist sehr unabhängige und selbstbewusste Hunde. Die Jagd braucht ein hohes Maß an Selbstständigkeit und Mut. Um wehrhaftes Wild aus dem Dickicht zu treiben, braucht es eine starke Persönlichkeit. Dennoch lieben diese Hunde vielfältige Aufgaben und die Arbeit im Team mit dem Menschen. Der Jagdhund hat sicherlich einige Ansprüche und ist nicht der unkomplizierteste Hund, den man haben kann. Passt er jedoch zu Ihnen, ist der Jagdhund ein ganz wunderbarer Begleiter im Alltag, der einiges an Abwechslung bringt.

Selbstbewusst & aufmerksam: Der Wach- oder Hofhund

Eine der ältesten Aufgaben von Hunden ist das Bewachen von Haus und Hof. Vor allem bei einsamen Grundstücken werden gern Wachhunde zum Schutz vor Einbrechern gehalten. Es werden zumeist große Hunderassen für diese Arbeit eingesetzt. Diese Hunderassen sind vor allem territorial, aufmerksam und skeptisch gegenüber Fremden und zeigen durch Bellen alles an, was ihnen nicht in der Nähe ihres Grundstücks passt. Zu den bekanntesten Wachhunderassen zählen in Deutschland der Hovawart, der Deutsche Schäferhund, der Rottweiler, der Dobermann und der Berner Sennenhund. Als Urvater der Wachhunde gilt allerdings der Mastiff.

Die Aufgabe eines Hofhundes ist es vor allem, Eindringlingen durch Bellen Angst einzujagen. Sie arbeiten dabei selbstständig. Von Schutzhunden sind sie insoweit zu unterscheiden, als Hofhunde nicht angreifen. Dennoch ist ein Wachhund selbstbewusst und hat keine Scheu davor, sich dem Eindringling vehement entgegenzustellen. Oft reicht einfach die Erscheinung und Selbstsicherheit des Hundes als Abschreckung. Dennoch ist auch eine gewisse Bereitschaft zur Aggression vorhanden und auch für diesen Job nötig. Der Einsatz als Beschützer wäre ohne ein gewisses Maß an Aggressionsbereitschaft nicht möglich. Das sollte bei der Anschaffung eines Wachhundes unbedingt beachtet werden.

Folgende Dinge sollten Sie beachten, falls Sie mit dem Gedanken spielen, sich einen Wachhund anzuschaffen:

- Niemand wird unbemerkt Ihr Grundstück betreten. Der Wachhund meldet das durch ausdauerndes Gebell. Sie sollten also nicht in einem Mehrfamilienhaus wohnen, wo der Hund sehr leise sein muss.
- Der Hund wird es nicht mögen, wenn fremde Personen sein Territorium betreten.
- Fremden Personen gegenüber ist er misstrauisch.

Man kann diesen Eigenschaften aber auch „entgegentrainieren". Eine gute Sozialisierung als junger Hund ist für den Wachhund sehr wichtig. Auch sollte der Hund lernen, dass Fremde in Begleitung des Menschen auf das Grundstück gehen dürfen. Wer also ein großes Grundstück hat, welches der Hund lautstark bewachen darf, hat mit einer der Wachhunderassen einen tollen Aufpasser, sowohl für Grundstück als auch für die Familie.

Furchtlos, loyal und selbstständig: Der Herdenschutzhund

Im Gegensatz zum Wachhund, der im besten Fall nur anschlägt, wenn sich jemand nähert, wurde der Herdenschutzhund dafür gezüchtet, direkt auf den Feind zuzugehen und ihn anzugreifen, um seine Herde zu beschützen. Herdenschutzhunde leben oft allein in der Herde und dabei wächst der Welpe schon mit den Tieren auf, die er später einmal beschützen soll. Daher zeichnet sich der Herdenschutzhund durch ein hohes Maß an Selbstständigkeit aus, d. h., wenn er es für nötig hält, zögert er nicht, selbst Entscheidungen zu treffen. Im Alltag und als Familienhund ist diese Tatsache oft schwierig, da der Hund seine Familie aktiv verteidigen will und diese Entscheidungen auch selbst fällt. Ein wirklich enger Kontakt und Vertrauen zu seinem Menschen sind daher für den Herdenschutzhund unerlässlich. Nur das kann dazu führen, dass der sogenannte „Herdi" sich auf den Menschen verlässt, statt selbst zu entscheiden. Neben der Größe entsprechend langen Spaziergängen, die der Herdi zur Auslastung braucht, sind bindungs- und vertrauensfördernde Aktivitäten besonders wichtig. Bei Herdenschutzhunden ist es noch wichtiger als bei anderen Rassen, dass Hund und Mensch ein gutes Team werden. Da die Hunde sehr schnell hochfahren und erregt sind, bieten sich eher ruhige Aktivitäten an, so z. B. Suchspiele oder das Fährtenlesen, sodass der Hund nicht noch zusätzlich angestachelt wird

Der Traum eines Herdi ist ein großes, eingezäuntes Gartengrundstück in ruhiger Umgebung. Sie sollten ein gutes Durchhalte- und Durchsetzungsvermögen haben, wenn Sie sich entscheiden, einem Herdi ein Zuhause zu geben. Es ist wirklich wichtig, dass Sie sich vorher gut mit diesen Hunderassen auseinandersetzen, denn Herdis haben ganz besondere Ansprüche und können bei falscher Haltung schnell zu Problemhunden werden, was keiner möchte. Die professionelle Betreuung eines Trainers, der auf solche Rassen spezialisiert ist, ist daher von Anfang an zu empfehlen.

Da auch die Adoption von Tierschutzhunden immer mehr im Kommen ist, sollten Sie auch hier darauf achten, was sich hinter Ihrem auserwählten Mischling alles verbirgt. Gerade in osteuropäischen Ländern wie Rumänien leben auch viele Herdenschutzhunde auf der Straße.

Konzentriert & lernwillig: Der Hirtenhund

Hütehunde helfen dem Menschen traditionell bei der Betreuung und Begleitung von Schafen, Rindern, Ziegen oder anderen Nutztieren. Dabei achten sie mehr oder weniger selbstständig darauf, dass keine Tiere zurückbleiben, verloren gehen oder in andere Richtungen laufen. Zum Einsatz kommen hier vor allem agile, mittelgroße Hunde, wie z. B. der Collie oder der Australian Shepherd. Auf Kommando treiben diese Hunde die Herde auf eine andere Wiese, in den Stall oder sorgen generell für den Zusammenhalt der Herde. Auf Befehl hin arbeiten die Hunde sehr konzentriert und eigenständig, auch auf weiten Distanzen. Genau wie die Hunde aller anderen Rassen sind auch die Hütehunde als reine Familienhunde unterfordert und brauchen eine Aufgabe und Alternative, um ihren Hütetrieb zu befriedigen. Die hohe Konzentrationsfähigkeit und Lernbereitschaft dieser Hunderassen machen diese zu idealen Kandidaten für Hundesport.

Im besten Falle haben Sie als neuer Besitzer eines Hütehundes also Lust dazu, mit Ihrem Vierbeiner Sport zu treiben, wie beispielsweise Agility. Selbst das Hüten ist mittlerweile zu einer Hundesport-Disziplin geworden und kann wettkampfmäßig betrieben werden.

Typischerweise suchen sich eher aktive Menschen einen Hütehund aus. Das Wichtigste ist, dem Hund eine Aufgabe zu geben. Hütehunde, die nicht hüten dürfen und keine Alternative bekommen bzw. geistig nicht ausgelastet werden, sind unglücklich, werden auffällig und suchen sich ihre Aufgabe selbst. Deshalb sollten Sie genug Zeit für einen Hütehund haben, denn nur ein Mitläufer ist diese Art von Hund mit seinen Ansprüchen nicht. Lastet man Hütehunde gut aus, sind sie tolle Begleiter und oftmals sehr unkomplizierte Familienhunde.

Sozial & verspielt: Der Begleithund

Wie der Name schon sagt, wurde der Begleithund gezüchtet, um den Menschen durch den Alltag zu begleiten. Ob in einer Stadt, im Büroalltag, auf der Arbeit oder zu Hause mit der Familie – der Begleithund ist souverän, freundlich und lässt sich durch nichts aus der Ruhe bringen. Alles in allem ist er also ein sehr unkomplizierter Hund. Dennoch bedeutet das nicht, dass der Hund den ganzen Tag ohne Beschäftigung alleine in der Wohnung bleiben kann. Auch Begleithunde haben Bedürfnisse und nur ein gut ausgelasteter Hund, sowohl physisch als auch geistig, ist ein guter Begleithund.

Es gibt hier keine spezifischen Rassen, die sich besonders gut als Begleithund eignen. Das ist von Hund zu Hund verschieden und sollte vom Charakter abhängig gemacht werden. Fakt ist jedoch: Je mehr der Hund als Welpe kennenlernt und positiv in Erinnerung behält, desto souveräner und unerschrockener ist er als erwachsener Hund im Alltag.

Test: Welcher Hund passt zu mir?

Um festzustellen, welcher Hund besonders gut zu Ihnen passt, können anhand von rassespezifischen Charaktereigenschaften gewisse Kategorisierungen vorgenommen werden. Bedenken Sie jedoch immer: Es handelt sich um Lebewesen und jeder Hund ist anders. Nicht jeder Golden Retriever ist auch immer ein super Familienhund. Die Hunde sollten deshalb stets individuell betrachtet werden. Um eine kleine Hilfe zu bekommen, welche Rasse gute und zu Ihnen passende Eigenschaften bereithält, können Sie den folgenden Test machen. Doch bedenken Sie, dass bestimmte Eigenschaften, wie z. B. die Verträglichkeit mit Kindern, nur ganz allgemein bewertet werden können. Natürlich kann man mit einem Hund immer trainieren und ihn langsam an fremde Dinge, wie schreiende und rennende Kinder, gewöhnen. Auch die Sportlichkeit oder die Lautstärke hängt vom individuellen Hund ab und kann trainiert werden. Nehmen Sie sich für diesen Test ein Blatt Papier und beantworten Sie die Fragen von A bis F. Dabei sollten Sie sich immer die Zahl notieren, die am meisten auf Sie zutrifft.

Fragen:

A) Ist Hundeerfahrung vorhanden?

1. Ja
2. Nein

B) Haben Sie Spaß daran, mit dem Hund zu trainieren?

1. Ja, ich liebe Herausforderungen
2. Ein Grundlagentraining reicht
3. Ich möchte nicht wirklich viel trainieren, wenn es nicht sein muss

C) Wie lange möchten Sie täglich spazieren gehen?

1. Ich suche einen Hund für gemütliche Spaziergänge (3 x 30 Minuten)
2. Ich möchte gerne lange Spaziergänge machen (> 30 Minuten)
3. Ich bin sehr aktiv und suche einen Trainingspartner für beispielsweise Hundesport

D) Wie groß soll der Hund sein?

1. Klein
2. Mittel
3. Groß

E) Wie leben Sie? Darf der Hund auch mal laut sein?

1. Ich wohne in einem Mehrfamilienhaus, daher wäre ein ruhiger Hund besser geeignet
2. Ich möchte einen Hund, der mein Haus bewacht
3. Die goldene Mitte wäre super

F) Leben Kinder mit im Haushalt?

1. Ja (Familienhund)
2. Nein (Hund für Paare ohne Kinder)

Hunderassen:

Airedale Terrier: A1; B2; C2; D3; E2; F2

Afghanischer Windhund: A1; B1; C2; D3; E3; F2

Akita: A1; B1; C2; D2; E2; F2

Alaskan Malamute: A1; B1; C2-3; D3; E2; F2

Australian Cattle Dog: A1; B1; C2-3; D2; E2; F2

Australian Shepherd: A1; B2; C3; D2; E3; F1-2

Beagle: A1-2; B2; C1-2; D2; E1; F1

Belgischer Schäferhund: A1; B1; C3; D3; E2; F2

Bernhardiner: A1; B1; C1-2; D3; E2; F1

Boxer: A1; B2; C2; D3; E3; F2

Briard: A1; B1; C2-3; D3; E3; F2

Bullterrier: A1; B1; C1-2; D2; E2; F1-2

Chihuahua: A2; B2; C1; D1; E3; F1

Chow Chow: A2; B2; C1-2; D3; E3; F1

Cocker Spaniel: A2; B2; C1; D1; E3; F1

Collie: A1; B1; C2-3; D3; E2; F2

Corgi: A1-2; B2; C1; D1; E3; F1

Dackel: A1; B1; C1; D1; E2; F2

Dalmatiner: A1; B1-2; C3; D3; E3; F1-2

Deutscher Schäferhund: A1; B1; C2; D3; E2; F2

Dobermann: A1; B1; C2; D3; E2; F2

Dogge: A1; B1; C2; D3; E2; F2

Französische Bulldogge: A2; B2-3; C1; D1; E3; F1

Golden Retriever: A1-2; B2; C2-3; D3; E3; F1

Hovawart: A1; B1; C2; D3; E2; F2

Husky: A1; B2; C3; D3; E3; F2

Irischer Wolfshund: A1; B1; C2; D3; E3; F2

Irish Setter: A1-2; B2; C2-3; D3; E1/E3; F1

Irish Terrier: A1; B1; C1-2; D2; E2; F2

Jack Russell Terrier: A2; B1-2; C1; D1; E3; F1

Kuvasz: A1; B1; C2; D3; E2; F2

Labrador: A1-2; B2; C2-3; D3; E3; F1

Leonberger: A1; B2; C2; D3; E2; F1

Magyar Vizsla: A1; B1; C2-3; D3; E3/E1; F2

Malteser: A2; B2; C1; D1; E3; F1

Mastiff: A1; B1; C2; D3; E2; F2

Mops: A2; B2; C1; D1; E1; F1

Münsterländer: A1; B2; C2-3; D3; E3; F1

Neufundländer: A1; B2; C1-2; D3; E2; F1

Pudel: A1-2; B2; C2; D3; E3/E1; F1

Rhodesian Ridgeback: A1; B1; C2; D3; E2; F2

Rottweiler: A1; B1; C2; D3; E3; F2

Schnauzer: A1-2; B2; C2; D2; E2; F1-2

Spitz: A1-2; B2; C1; D2; E2; F2

Weimaraner: A1; B2; C2; D3; E3; F2

West Highland White Terrier: A2; B2; C1; D1; E3; F1-2

Yorkshire Terrier: A2; B2; C1; D1; E3; F1

Beziehungsarbeit konkret

GUTE ENTSCHEIDUNGEN TREFFEN & VERTRAUEN SCHAFFEN

Ein guter Rudelführer ist in Stresssituationen souverän, trifft gute Entscheidungen für sein Rudel und bietet seinem Hund in allen Situationen Schutz und Sicherheit. Der Hund ist ein sehr soziales Rudeltier und hat das Bedürfnis, zu kooperieren. Deshalb wird er Sie als Rudelführer anerkennen, wenn Sie die beschriebenen Eigenschaften mit sich bringen. Im Folgenden finden Sie einige Übungen, wie Sie Vertrauen zu Ihrem Hund aufbauen und ihm zeigen können, dass Sie souverän jede Situation überblicken und unter Kontrolle haben.

Generell sind die Hunde die besten Lehrer. Im Kapitel „Hundetypen“ wurde bereits ausführlich beschrieben, wie sich ein dominanter Hund verhält. Genauso sollten Sie das auch machen. Mit dem Wort „Dominanz" sind oft negative Assoziationen verknüpft und das liegt daran, dass wir Dominanz oft falsch interpretieren. Sie zeichnet sich nämlich besonders durch ruhige Energie, Selbstbewusstsein und einen minimalen Kraftaufwand aus. Unruhe, Lautstärke und Gewalt haben dominante Anführer nicht nötig. 3 Dinge sollten Sie beachten, um Ihrem Hund zu zeigen, dass Sie ein guter Anführer sind:

- **Konsequenz:** Ein Nein bleibt ein Nein und ein Ja bleibt ein Ja, ganz egal, wie oft der Hund nachfragt. Ändern Sie Ihre Meinung, macht Sie das in den Augen des Hundes unglaubwürdig.
- **Geduld:** Versteht Ihr Hund etwas nicht sofort, so agieren Sie mit maximaler Ruhe und Geduld.
- **Disziplin:** Sie stellen Regeln auf und bestehen darauf, dass diese Regeln auch eingehalten werden.

Bindungsarbeit spielt bei der Anführer-Frage ebenfalls eine große Rolle. Im Folgenden finden Sie 2 Übungen, die Sie mit Ihrem Hund trainieren können, um eine innige Bindung und Vertrauen aufzubauen.

Übung 1: Schau mich an!

Da es sich hierbei um eine Übung handelt, die viel Konzentration erfordert und für den Hund sehr anstrengend ist, sollten Sie nicht länger als 10 Minuten am Stück üben. Ziel dieser Übung ist es, dass der Hund seinen Besitzer anschaut, jedes Mal, wenn er seinen Namen hört. Der Besitzer kann zudem die Aufmerksamkeit des Hundes bis zu 30 Sekunden halten. Es handelt sich um eine Übung, die viel Ruhe und Geduld braucht. Daher sollten Sie diese Übung nicht durchführen, wenn gerade ausgiebig mit dem Bällchen gespielt wurde. Der Hund sollte möglichst ruhig sein.

Schritt 1: Sie sagen den Namen Ihres Hundes ruhig und freundlich, aber bestimmt. Schaut der Hund Sie an, bekommt er sofort ein Leckerli. Sie sagen aber sonst nichts weiter, kein Lob, nur das Leckerli. Sie warten nun ein paar Sekunden, bis der Hund sich vielleicht wieder in der Gegend umschaut, und wiederholen diese Übung.

Schritt 2: Sie wiederholen den 1. Schritt so lange, bis dieser zuverlässig jedes Mal klappt. Dabei ist es egal, wie lange der Hund Sie anschaut, die Übung sollte nur zu 100 % sitzen, auch in anderen Situationen und an anderen Örtlichkeiten.

Schritt 3: Nun wird die Zeit verlängert. Sie sagen also den Namen Ihres Hundes und der Hund schaut Sie an. Dafür bekommt er wie immer sein Leckerli. Sie halten den Blick. Schaut der Hund Sie nach 5 Sekunden immer noch an, bekommt er das nächste Leckerli. Weitere 5 Sekunden verstreichen, ohne dass der Hund den Blick abwendet? Leckerli! Schaut der Hund weg, ist dieser Übungsschritt sofort zu Ende. Es werden keine Leckerlis mehr gegeben und der Hund bekommt keine Aufmerksamkeit mehr. Sie sollten aufstehen und sich einige Meter von dem Hund entfernen, damit er weiß: Die Übung ist beendet. Nach einiger Zeit kann die Übung erneut gestartet werden.

Schritt 4: Schritt 3 wird mehrmals wiederholt. Überfordern Sie dabei Ihren Hund nicht. Schaut er Sie mindestens 5 Sekunden an, so ist das schon ein großer Erfolg. Wichtig ist, dass Sie ausreichend lange Pausen zwischen den Übungen machen und nicht zu lange trainieren. Es ist wirklich anstrengend für Ihren Hund, so konzentriert zu sein.

Schritt 5: Die Schritte 3 und 4 müssen wirklich zuverlässig funktionieren, dann können Sie anfangen, die Pausen der Leckerli-Gabe zu verlängern, so lange, bis der Hund Sie 30 Sekunden lang anschaut, ohne ein Leckerli zwischendurch zu bekommen. Wichtig ist: Das 1. Leckerli muss nach wie vor direkt nach dem Blickkontakt gegeben werden. Steigern Sie hier die Zeit der Pausen zu schnell, kann das zu Rückschlägen führen.

Übung 2: Warte!

Diese Übung soll dazu dienen, die Geduld des Hundes zu schulen. Ziel ist es, dass der Hund an der Tür wartet und Sie zuerst nach draußen gehen lässt. Erst auf das Kommando „Komm!“ darf auch er durch die Tür treten. Das Kommando „Warte!“ ist aber auch sehr vielfältig einsetzbar und soll den Vorwärtsdrang des Hundes kontrollieren. Diese Übung fordert ein großes Maß an Geduld seitens des Besitzers, wählen Sie daher einen Tag, an dem Sie sich gut fühlen und nicht gestresst sind.

Schritt 1: Sie stellen sich mit Ihrem Hund vor die Tür, als wollten Sie ganz normal das Haus verlassen. Der Hund wird ernst angeschaut. Haben Sie das Kommando „Schau mich an!“ bereits erfolgreich gelernt, so können Sie den Namen des Hundes sagen und dann das Kommando „Warte!“ geben. Beherrscht der Hund „Schau mich an!“ noch nicht, sagen Sie einfach nur das Kommando „Warte!“. Und dann warten Sie. Sie stehen still da und tun nichts.

Schritt 2: Sie warten noch immer, denn in Ihrem Hund häufen sich gerade einige Fragen an, wie „Was ist hier los, warum geht die Tür nicht auf?“. Es wird einige Zeit dauern, bis Ihr Hund begriffen hat, dass Sie es ernst meinen. Nach einigen Minuten wird er seine Anspannung lösen und beginnt, sich umzuschauen, sich zu setzen oder zu legen.

Schritt 3: Sobald sich der Hund von allein gesetzt oder gelegt hat, bekommt er ein Lob zu hören und ein Leckerli. Wichtig ist, dass das verbale Lob sofort kommt, wenn der Hund sich setzt. Sollte der Hund nach Lob oder Leckerli aufspringen und wieder in Aufregung verfallen, kehren Sie sofort wieder zu Schritt 2 zurück.

Schritt 4: Schritt 3 wird so oft wiederholt, bis der Hund sich auf das Kommando „Warte!“ hin selbstständig hinlegt oder setzt, und das innerhalb von 10 Sekunden. Klappt das, können Sie nun den Türgriff anfassen – nur anfassen, die Tür wird nicht geöffnet. Springt der Hund auf, ärgern Sie sich nicht und kehren kommentarlos wieder zu Schritt 2 zurück.

Schritt 5: Schritt 4 wird so oft wiederholt, bis der Hund sich auf das Kommando „Warte!“ hin selbstständig hinlegt oder setzt, und das innerhalb von 10 Sekunden. Wenn Sie den Türgriff berühren, springt er nicht auf. Nun wird der Reiz gesteigert und die Türe einen kleinen Spalt breit geöffnet. Gleiches Spiel: Bleibt der Hund ruhig, wird er belohnt, springt er auf, kehren Sie zu Schritt 2 zurück.

Schritt 6: Schritt 5 wird so oft wiederholt, bis der Hund sich auf das Kommando „Warte!“ hin selbstständig hinlegt oder setzt, bestenfalls innerhalb von 10 Sekunden. Wenn Sie den Türgriff berühren oder die Tür öffnen, springt er nicht auf. Sie haben die Tür nun immer weiter geöffnet, bis der Hund ruhig vor offener Tür sitzt.

Schritt 7: Nun gehen Sie durch die Türe und der Hund bleibt dennoch sitzen. Dabei drehen Sie sich zum Hund und gehen rückwärts durch die Tür. Beobachten Sie Ihren Hund dabei genau. Will er Ihnen folgen, sagen Sie ein deutliches „Nein!“ und gehen gegebenenfalls einen Schritt auf Ihren Hund zu, sodass dieser zurückweichen muss. Setzt der Hund sich direkt wieder ab, können Sie ihn mit einem Leckerli belohnen. Klappt diese Übung nach einigen Malen schon ganz gut, steigern Sie langsam den Schwierigkeitsgrad und gehen normal durch die Tür.

Schritt 8: Im letzten Schritt, wenn alles gut sitzt, können Sie den Hund mit dem Kommando „Komm!“ aus seiner Situation befreien. Er darf nun durch die Tür treten und zu Ihnen aufschließen.

WIE IHR HUND KOMMUNIZIERT

Der Hund kommuniziert hauptsächlich mithilfe von Körpersprache, der Mensch hingegen kommuniziert verbal. Durch die unterschiedlichen Verständigungsmethoden kommt es oft zu Missverständnissen zwischen dem Hund und seinem Besitzer. Es ist daher enorm wichtig, einige Grundlagen der Hunde-Körpersprache zu verstehen. Genauso wichtig ist es aber auch, sich seiner eigenen Körpersprache etwas bewusster zu werden und zu verstehen, welche Signale man dem Hund sendet. Im Kapitel „Sozialverhalten" wurde bereits auf die unterschiedlichen Kommunikationsmöglichkeiten des Hundes eingegangen. Beschrieben wurde die innerartliche Kommunikation, also die Kommunikation zwischen Artgenossen. Da der Hund aber keine andere Möglichkeit hat, sich zu verständigen, kommuniziert er in gleicher Weise auch mit seinem Besitzer. Sicherlich hat der Hund aber auch gewisse Verhaltensmuster gelernt, auf die der Besitzer reagiert, die er aber nie gegenüber einem Artgenossen zeigen würde. Hunde sind sehr anpassungsfähig und lernen dazu. Nun muss auch der Besitzer die Anzeichen erkennen und dementsprechend auf seinen Hund eingehen.

Hunde kommunizieren mit allen 5 Sinnen. Das tun Menschen auch, aber unbewusst. Der Hund kann daher sehr viele Anzeichen wahrnehmen, die anderen Menschen verwehrt bleiben. Fühlen wir uns beispielsweise in einer Situation unwohl, so kann man das vor seinem Gegenüber vielleicht verbergen, doch Ihr Hund wird es wissen. Sie riechen anders, Sie zeigen durch Ihre Körpersprache Unbehagen und der Hund nimmt das sofort wahr, besonders, wenn er Sie gut kennt.

Der Geruchs- und Geschmackssinn sind für den Hund ebenfalls sehr wichtig. Diese werden unter dem Begriff chemische oder olfaktorische Kommunikation zusammengefasst. Sie haben wahrscheinlich auch schon einmal Ihren Hund beim Schnüffeln und Belecken von Urinstellen eines anderen Hundes beobachtet. Was für den Menschen teilweise etwas eklig erscheint, ist jedoch für den Hund ein sehr wichtiger Kommunikationskanal, denn der Hund hat gerade Informationen über den Verursacher gesammelt. Hunde können über den Geruch beispielsweise auch genau wahrnehmen, wenn ihr Besitzer gestresst ist. Schweiß und bestimmte Hormone, die vom Menschen ausgeschüttet werden, sind für den Hund eindeutig wahrnehmbar.

Auch taktil können Hunde kommunizieren. Durch Berührungen des Menschen zeigen sie zumeist ihre Zuneigung oder dass sie Aufmerksamkeit wollen. Optische oder Akustische Kommunikation spielt bei der Hund-Mensch-Beziehung die größte Rolle. Einige Hunde haben sogar gelernt, dass der Mensch vor allem auf Lautäußerungen reagiert, und sind daher gesprächiger als andere Artgenossen. Alles, was der Hund tut, hat eine Bedeutung. Beschäftigen Sie sich doch etwas mit der Sprache Ihres Vierbeiners und Sie werden in der Zukunft besser verstehen können, was er Ihnen sagen möchte.

SIE KÖNNEN NICHT NICHT KOMMUNIZIEREN – WARUM WIR STÄNDIG SIGNALE AN UNSEREN HUND SENDEN

Ob es dem Menschen nun bewusst ist oder nicht, er kommuniziert ununterbrochen. Man kann schließlich nicht nicht kommunizieren, wie es der österreichische Philosoph und Kommunikationswissenschaftler Paul Watzlawick bereits sagte. Selbst wenn wir also nichts sagen, fließen ständig Informationen. Es gibt Schätzungen, dass 80 % der menschlichen Kommunikation über nonverbale Eindrücke, wie z. B. Mimik, Gestik, Tonfall, Lautäußerungen wie Lachen, Kleidung etc. kommuniziert werden.

Der Mensch neigt auch dazu, gegenüber seinem Hund viel zu reden. Das ist erst einmal in Ordnung, wenn das Gesagte mit der Körpersprache übereinstimmt. Denn Hunde achten eher auf die Körpersprache als auf das, was wir dem Hund erzählen, es ist nun einmal auch seine Sprache.

Ein Beispiel:

Sie haben einen freien Tag. Die Sonne scheint, es ist wunderbares Wetter und später am Nachmittag treffen Sie ein paar Freunde, die Sie schon länger nicht mehr gesehen haben. Sie haben gute Laune und gehen eine schöne Runde mit Ihrem Hund spazieren. Der Hund ist ausgelassen, hört auf jedes Wort von Ihnen, bleibt immer in Ihrer Nähe. Sie spielen und haben Spaß zusammen.

2 Tage später müssen Sie wieder arbeiten. Es lief nicht alles rund auf der Arbeit, also kommen Sie schon gestresst nach Hause. Ihr Vierbeiner wartet und möchte eine Runde spazieren gehen. Sie denken sich: „Eine gute Gelegenheit, den Kopf freizubekommen", aber die

Arbeit lässt Sie nicht los. Sie haben schlechte Laune! Und auch mit dem Hund klappt es nicht wie gewöhnlich. Ständig müssen Sie ihn ermahnen, weil er zu weit wegläuft, oder er achtet erst gar nicht auf Sie. Was ist los? Noch vor 2 Tagen hat er wunderbar auf Sie gehört!

Was ist hier passiert? Der Hund hat Ihre Stimmung wahrgenommen. Ein Mensch mit guter Laune strahlt das auch über seine Körpersprache aus. Die Schritte sind beschwingt, die Stimme ist freundlich, die Atmung ist frei. Auf Ihren Hund wirkt eine solche Körpersprache sehr einladend, er möchte gerne in Ihrer Nähe sein und Zeit mit Ihnen verbringen. Der Hund hat Freude daran, seinem Menschen zu gefallen. Schlechte Stimmung hingegen wird natürlich genauso vom Hund wahrgenommen. Für ihn wirken die steifen Schritte, der harsche Tonfall und die aggressive Körperhaltung bedrohlich und er versucht, auf Abstand zu bleiben und Ihnen nicht zu nahezukommen. Er versucht vielleicht sogar, Sie zu beschwichtigen, indem er gähnt, wenn er nah an Ihnen vorbeiläuft. Die schlechte Stimmung seines Besitzers kann beim Hund zu Stress führen, was wiederum dazu führt, dass normalerweise gut sitzende Kommandos nicht mehr abgerufen werden können. Wir erinnern uns dabei an den Wohlfühlfaktor im Kapitel zum Thema Lernen.

UNSICHER, ÄNGSTLICH ODER SOUVERÄN: WAS IHRE KÖRPERSPRACHE IHREM HUND VERRÄT

Bevor man jetzt allerdings beginnt, bewusst auf nonverbaler Ebene mit dem eigenen Hund zu interagieren, sollte man erst einmal auf seine eigene Körpersprache schauen. Viele Dinge tut der Mensch nämlich unbewusst. Möchten wir allerdings auf dieser Ebene mit unserem Hund kommunizieren, so sollte der Mensch wissen, welche Signale er sendet. Dazu sollte man sich zunächst der eigenen Stimmung bewusst werden, denn hat man schlechte Laune, kann man wohl kaum dem Hund vorgaukeln, dass man freudig und hoch motiviert ist. Machen Sie sich daher immer zuerst bewusst, wie Sie sich eigentlich gerade fühlen. Das ist eine gute Grundlage, um sich der nonverbalen Kommunikation etwas bewusster zu werden. Auch der Mensch benutzt, genau wie der Hund, die Körperhaltung, Bewegungen, Gestik und Mimik zur nonverbalen Kommunikation. Die Mimik spielt sich im Gesicht ab. Vor allem an den Augen und am Mund kann man die Stimmung eines Menschen erkennen. Menschen, die lächeln, wirken beispielsweise sympathischer, freundlicher und offener. Ist man glücklich, sind die Augen dabei weit geöffnet. Bei Angst weiten sich beispielsweise die Pupillen. Ist man sauer, skeptisch oder genervt, runzelt der Mensch die Stirn und die Augenbrauen werden zusammengezogen.

Gestik umfasst die Bewegungen des Körpers, während man mit einem Menschen oder dem Hund interagiert. Es gibt 5 verschiedene Formen.

- **Illustratoren:** Mit den Gesten wird das verdeutlicht, was man sagt (z. B. man zeigt mit den Händen, wie groß etwas war)
- **Embleme:** Gesellschaftlich oder kulturell geprägte Gesten, die Wörter ersetzen (z. B. Nicken = Zustimmung)
- **Adaptoren:** Unbewusste Gesten (z. B. Fingernägelkauen bei Stress)
- **Regulatoren:** Bewusste Gesten, die eine Wirkung erzeugen sollen (z. B. auf etwas zeigen)
- **Affektgesten:** Die Emotionen werden unwillkürlich ausgedrückt (z. B. bei Schreck werden die Arme schützend vor den Kopf gehalten)

Auch Körperhaltung und Körperbewegung spielen eine große Rolle bei der nonverbalen Kommunikation. Aufrechtes Stehen signalisiert Selbstbewusstsein, Souveränität und Selbstsicherheit. Ein fester Gang vermittelt Energie und Dynamik. Verschränkte Arme vor dem Körper zeugen von Unsicherheit und Verschlossenheit.

Im Folgenden finden Sie einige Dinge, auf die Sie bei der nonverbalen Kommunikation mit Ihrem Hund achten sollten:

1. Der Mensch steht frontal vor dem Hund und beugt sich über ihn. Vor allem auf unsichere Hunde wirkt das bedrohlich. Möchten Sie also, dass Ihr Hund näher kommt, sollten Sie eine offene und lockere Körpersprache einnehmen und sich nicht über ihn beugen.

2. Ist der Mensch sehr hektisch und zappelt die ganze Zeit herum, ist es für den Hund sehr schwer, zu verstehen, was der Mensch dem Hund sagen will. Das kann so weit gehen, dass der Hund gestresst wird, weil er die Kommunikationsversuche des Menschen nicht versteht. Eindeutige und ruhige Körpersprache ist für eine gute Kommunikation sehr wichtig.

3. Der Hund soll ein Signal ausführen und dabei ist die Hand des Menschen schon im Futterbeutel. Das führt zu falschen Verknüpfungen. Im schlechtesten Fall führt der Hund das Kommando nur noch aus, wenn gleichzeitig die Hand im Futterbeutel ist. Holen Sie daher die Belohnung erst nach der Ausführung des Kommandos hervor. Für ein besseres Timing können Sie beispielsweise einen Clicker benutzen (siehe Kapitel „Übungen mit dem Clicker“).

4. Jeder Hundehalter sollte reflektieren, d. h., lassen Sie sich beispielsweise einmal beim Training filmen. Es ist oft sehr interessant, seine eigene Körpersprache zu sehen und genau beobachten zu können, wie der Hund darauf reagiert.

ÜBUNG: SICH DER EIGENEN KÖRPERSPRACHE BEWUSST WERDEN

Wie bei den meisten Dingen, kommt es auch bei der Körpersprache vor allem auf Übung an. Da der Körper meist unbewusst Signale sendet, ist der 1. Schritt, sich seiner Körpersprache etwas bewusster zu werden. Doch wie können Sie nun an Ihrer eigenen Körpersprache arbeiten? Im Folgenden finden Sie ein paar Tipps und Übungen.

Beobachten der Körpersprache von anderen:

Schauen Sie sich im Fernsehen oder im Internet professionelle Hundetrainer an. Achten Sie besonders auf ihre Körpersprache in bestimmten Situationen und achten Sie zusätzlich auch auf die Reaktion des Hundes. Dabei können Sie Rückschlüsse darüber ziehen, wie der Trainer auf Sie wirkt und wie er auf den Hund wirkt. Achten Sie auf eindeutige Signale, die der Trainer dem Hund sendet. Im besten Fall machen Sie sich dazu einige Notizen oder vielleicht auch Fotos mit dem Handy.

Beobachten der eigenen Körpersprache:

Es kommt einem manchmal etwas lächerlich vor, aber um zu sehen, wie Sie auf Ihren Hund wirken, ist es unerlässlich, sich selbst zu analysieren. Stellen Sie sich daher vor einen Spiegel und beobachten Sie Ihren Körper. Versuchen Sie dabei, die beobachteten Körperhaltungen der Hundetrainer zu imitieren. Strahlen Sie das Gleiche aus wie der Trainer? Auch sehr hilfreich kann es sein, sich beim Hundetraining filmen zu lassen. Analysieren Sie kritisch, wie Sie sich geben und wie Ihr Hund auf Sie reagiert. Es kann auch sehr hilfreich sein, eine vertraute Person zu fragen, ob sie bei einer Trainingseinheit zuschaut und Ihnen Rückmeldung zu Ihrer Körpersprache geben kann. Im besten Fall ist das ebenfalls eine Person mit Hunde-Erfahrung.

Übung:
Wahrscheinlich sind für Sie nun einige Elemente neu und ungewohnt. Daher ist es sehr wichtig, sie am besten vor einem Spiegel zu üben, damit diese neuen Körperhaltungen und Gestiken sich in Ihrer Körpersprache etablieren und automatisieren. Im besten Fall müssen Sie dann in Zukunft nicht mehr darüber nachdenken, wie Sie sich gegenüber Ihrem Hund geben, da Sie automatisch klare Signale mittels Körpersprache senden.

Lesen der Körpersprache anderer:
Genauso hilfreich kann es sein, sich darin zu schulen, die Körpersprache von anderen zu lesen. Schauen Sie sich beispielsweise in der Hundeschule andere Menschen mit ihrem Hund an. Welche Signale senden sie ihrem Hund? Können Sie eventuell bereits Missverständnisse zwischen Hund und Halter ausmachen? Oder können Sie vielleicht schon an der Haltung sehen, ob jemand einen guten oder schlechten Tag hatte?

Üben mit dem Meister:
Interessant ist es auch dann, wenn Sie eine Übungseinheit mit Ihrem Hund einlegen. Versuchen Sie beispielsweise einmal, den Hund abzurufen, ohne etwas zu sagen. Dazu legen Sie den Hund ab, entfernen sich einige Meter und stellen sich, den Hund anblickend, dort auf. Versuchen Sie nun, nur mit Ihrer Körpersprache den Hund dazu zu bringen, zu Ihnen zu kommen. Tun Sie also etwas, das auf den Hund einladend wirkt. So können Sie sich einige Übungen überlegen, die Sie völlig ohne Kommandos absolvieren. Der Hund ist der beste Lehrer. Er wird Ihnen zeigen, ob Sie die richtigen Signale senden. Sie sehen: In der Körpersprache geht es viel darum, andere zu beobachten, zu imitieren oder einfach nur zu verstehen, ohne dass sie etwas sagen. Versuchen Sie es

einmal und wenn Sie ein bisschen bewusster an die Sache herangehen, werden Sie ganz viele Dinge sehen können, die Ihnen die Menschen nonverbal mitteilen.

WER BEWEGT WEN?

In den vorherigen Kapiteln konnten Sie bereits lesen, dass nicht immer ganz klar ist, wer hier wen bewegt. Der Mensch beeinflusst mit seiner Körpersprache den Hund, aber genauso beeinflusst der Hund auch den Menschen. Es ist nicht einfach, als Anführer immer souverän zu sein, denn es ist natürlich menschlich, auch mal einen schlechten Tag zu haben. Aber genau das wird Ihnen Ihr Hund auch zugestehen, wenn Ihre Bindung innig und voller Vertrauen ist. Es sollten jedoch Ausnahmen sein. Ihr Hund muss dennoch wissen, dass er sich auf Sie verlassen kann und dass Sie trotz schlechtem Tag Ihre Laune nicht an Ihrem Hund auslassen. Manchmal hilft es, sich einfach mal kurz zu setzen, tief durchzuatmen und den Alltagsstress auszublenden, bevor man mit dem Hund interagiert. Denn wer am wenigsten dafür kann, ist Ihr Hund.

Eine gute Mensch-Hund-Beziehung zeichnet sich dadurch aus, dass Ihr Hund auch in solchen Situationen an Ihrer Seite steht. Der souveräne Anführer muss auch dann keine großen Anstrengungen aufwenden, um dem Hund zu sagen, was er tun soll. Ist es für Sie beispielsweise noch ein Kampf, Ihren Hund überhaupt zu „Sitz" oder „Platz" zu bekommen, dann hat er Ihre Stellung als Anführer vielleicht noch nicht ganz akzeptiert. Bindungsarbeit und Vertrauen aufbauen sind dann die entscheidenden Punkte. Sie müssen dem Hund zeigen, dass Sie ein guter Anführer sind.

Blindes Verständnis & bedingungsloses Vertrauen

Im folgenden Kapitel geht es um das Verständnis zwischen Hund und Mensch, auch ohne Worte. Für den Hund ist das weniger ein Problem als für den Menschen. Es ist wie bei sehr engen Freundschaften unter Menschen: Manchmal bedarf es keinerlei Worte, man weiß einfach, wie es dem anderen geht und was er denkt, weil man sich einfach gut kennt. Genauso ist das auch mit dem eigenen Vierbeiner. Eine enge Bindung und Vertrauen machen Kommunikation oft überflüssig.

Ihnen ist es vielleicht gar nicht so bewusst, aber solche Situationen gibt es wahrscheinlich auch schon bei Ihnen zu Hause mit Ihrem Hund – Dinge, die Sie für selbstverständlich halten und bei denen es keinerlei Worte mehr zwischen Ihnen und Ihrem Hund bedarf. Beispiele hierfür können sein: Sie stellen dem Hund den Fressnapf hin, er darf sich aber erst bedienen, wenn Sie diesen freigeben. Oder Sie haben bereits mit Ihrem Hund geübt, dass dieser Sie immer zuerst durch die Türe gehen lässt. Auch ohne Kommandos in allen Situationen wissen unsere Hunde in der Regel, was wir von ihnen wollen.

WIE SIE NONVERBALE KOMMUNIKATION ZWISCHEN SICH UND IHREM HUND ETABLIEREN

Es macht durchaus Sinn, seinen Hund auch mit Sichtzeichen zu trainieren. Der Hund, dessen Kommunikationsfokus auf nonverbalen Elementen liegt, kann demnach schneller auf Sichtzeichen als auf verbale Kommandos reagieren. Hunde sind in der Lage, bis zu 100 verschiedene Signale zu erlernen. Setzt man Hör- und Sichtzeichen gemeinsam ein, so kann das ein Kommando verstärken. Es gibt Vor- und Nachteile dabei, einen Hund auf Sichtzeichen zu trainieren. Nachteil ist, dass der Hund den Menschen auch sehen muss, um auf ein Signal reagieren zu können. Das kann gleichzeitig aber auch ein Vorteil sein, denn läuft der Hund etwas weiter vorn, muss man diesem nicht hinterherschreien, sondern kann einfach ein Signal geben, wenn der Hund einen anschaut. Dennoch gilt es, einige Dinge bei der Etablierung von Sichtzeichen zu beachten.

Hör- und Sichtzeichen zunächst kombiniert etablieren

Um einem Hund Sichtzeichen beizubringen, ist es wichtig, dass der Hund versteht, was man überhaupt von ihm möchte. Hierbei macht es durchaus Sinn, sich auf Kommandos zu berufen, die der Hund schon verbal gelernt hat. Sie überlegen sich also ein Sichtzeichen – der Fantasie sind hier keine Grenzen gesetzt – und kombinieren zunächst das Sichtzeichen mit dem verbalen Kommando. Dabei ist es wichtig, beides gleichzeitig durchzuführen, d. h., Sie sagen das Kommando, während Sie die entsprechende Handbewegung ausführen. Sie können hier durchaus einen positiven Verstärker, wie beispielsweise ein Leckerli, benutzen. Um den Hund punktgenau belohnen zu können, ist es von

Vorteil, das Leckerli bereits in der Hand zu halten, mit der Sie das Sichtzeichen ausführen. Klappt diese Kombination bereits ganz gut und Sie haben einige Wiederholungen absolviert, können Sie den Schwierigkeitsgrad steigern, indem Sie jetzt zuerst das Sichtzeichen und dann, nicht später als eine Sekunde danach, das verbale Kommando geben.

Die wichtigsten Sichtzeichen im Überblick

Generell gilt: Es gibt kein richtiges und kein falsches Sichtzeichen. Sie können Ihrer Fantasie freien Lauf lassen und sich selbst Sichtzeichen für Ihren Hund überlegen. Allerdings sollten Sie die Zeichen so einfach, aber auch so unterschiedlich wie möglich halten. Der Hund muss auch aus der Entfernung die unterschiedlichen Sichtzeichen erkennen können. Im Folgenden finden Sie einige Vorschläge für die Sichtzeichen der Grundkommandos:

Das Sichtzeichen für das Grundkommando „Sitz!“ ist eine geöffnete Hand, dabei zeigt die Handfläche nach oben. Sie können zur Verdeutlichung die Hand leicht nach oben bewegen. Damit ziehen Sie den Blick des Hundes, wenn er sich vor Ihnen hinsetzt, nach oben, sodass er Sie anschaut.

Das Sichtzeichen für das Grundkommando „Platz!“ ist ebenfalls die geöffnete Hand, allerdings zeigt hier die Handfläche nach unten. Zur Verdeutlichung kann die Hand nach unten bewegt werden.

Das Sichtzeichen für den „Rückruf" könnten Sie wie folgt gestalten: Beide Hände werden hierfür benutzt, die Handinnenflächen zeigen dabei zu Ihnen, die Arme sind freundlich geöffnet. Mit den Fingern machen Sie eine Bewegung zu sich selbst. Manche präferieren es, für den Rückruf auch einfach nur die Hand nach oben zu heben.

Für das Grundkommando „Bleib!" können Sie dem Hund einfach die aufrechte flache Hand zeigen. Dabei zeigt der Handrücken zu Ihnen.

Sichtzeichen isoliert anwenden

In der Regel geht die Verknüpfung zwischen bekannten, verbalen Kommandos und Sichtzeichen bei Hunden sehr schnell. Damit sich alles festigt, können Sie einige Tage immer wieder Kommando und Sichtzeichen kombiniert anwenden. Probieren Sie nun einmal aus, ob der Hund auch nur auf das Handzeichen reagiert. Er hat die Verknüpfung hergestellt und folgt Ihrem Sichtzeichen? Prima, belohnen Sie ihn mit einem Leckerli und wiederholen Sie die Übung. Reagiert Ihr Hund noch nicht, ist das kein Drama. Arbeiten Sie einfach weiter daran, die Verknüpfung zwischen verbalem Kommando und Handzeichen herzustellen.

Eine der größeren Schwierigkeiten besteht darin, dem Hund verständlich zu machen, dass er auch bei Distanz auf das Handzeichen reagieren soll. Auch das trainieren Sie in kleinen Schritten. Entfernen Sie sich zunächst 2 Meter von Ihrem Hund und geben Sie das Sichtzeichen. Zur Verstärkung Ihres Kommandos können Sie hier auch ruhig noch einmal das verbale Kommando und Sichtzeichen in Kombination verwenden. Steigern Sie nun kontinuierlich den Abstand zu Ihrem Hund. Ein häufiges Problem bei Sichtzeichen auf Distanz ist, dass die Hunde das Sichtzeichen sehen und dann zu Ihrem Menschen laufen, um das Sichtzeichen direkt vor dem Besitzer auszuführen. Gut gemeint, aber das ist nicht das Ziel. Der Hund soll das Sichtzeichen dort ausführen, wo er sich gerade befindet, es sei denn, Sie geben das Sichtzeichen für den Abruf. Hilfreich kann hier eine kleine Barriere für den Hund sein, wie beispielsweise ein größerer Ast. Stellen Sie den Hund dahinter, entfernen Sie sich einige Schritte und geben Sie das Sichtzeichen. Bringen Sie den Hund ruhig und bestimmt zurück auf seinen Platz, sollte er wieder zu Ihnen gelaufen kommen. Folgt er dem Sichtzeichen an Ort und Stelle, gehen Sie zu ihm zurück und belohnen ihn mit einem Leckerli.

ÜBUNGEN MIT DEM CLICKER: CLICKERTRAINING & SICHTZEICHEN

Das Clickertraining ist eine Trainingsmethode, die die Kommunikation zwischen Mensch und Hund vereinfacht. Es basiert auf Erkenntnissen der angewandten Verhaltensforschung und geht darauf ein, wie Tiere lernen. Mit dem Clicker kann man die gewünschten Verhaltensweisen punktgenau markieren und anschließend belohnen. Da der Hund auf das Clicker-Signal konditioniert ist, sagt es dem Hund ganz genau, was er richtig gemacht hat. Das richtige Timing ist dabei enorm wichtig, damit der Hund mit dem Click das gewünschte Verhalten in Verbindung bringt.

Den Clicker als Belohnungssignal einführen

Zunächst muss man dem Hund erklären, was der Click bedeutet. Da dies ein ganz neues Signal für den Hund ist, weiß er zunächst damit nichts anzufangen. Das bedeutet, Sie clicken und der Hund bekommt ein Leckerli – und das viele Male. So lernt der Hund, den Click mit einer Belohnung zu verknüpfen. Ertönt der Click in Zukunft, so bringt das den Hund in eine positive Erwartungshaltung auf die Belohnung. Er bekommt bereits beim Click das Glücksgefühl. Wichtig ist, dass nach dem Click IMMER eine Belohnung folgt, sonst verliert der Clicker an Bedeutung für den Hund. Dieses Prinzip basiert auf der klassischen Konditionierung. Hat der Hund verstanden, was der Clicker bedeutet, kann das richtige Training beginnen. Sie setzen sich also ein Ziel – beispielsweise wollen Sie dem Hund einen neuen Trick beibringen. Wichtig ist, dass Sie schwierige Übungen in kleinere Trainingsschritte aufteilen.

Nun wird jedes Verhalten, wie etwa die Bewegung in die richtige Richtung, geclickert und dieser Click führt den Hund zu seiner Belohnung. Der Hund wird recht schnell verstehen, was Sie von ihm möchten, und dieses Verhalten öfter und länger zeigen.

Das wirklich Schöne am Clicker-Training ist, dass es ausschließlich mit positiver Verstärkung arbeitet. Es ist also durch und durch positiv, da der Hund an seinem Erfolg lernt. Unerwünschtes Verhalten wird einfach übergangen und ignoriert und bekommt dann eben keine Belohnung durch den Clicker. Dadurch wird der Hund zum Mitdenken angeregt und man erarbeitet sich gemeinsam neue Ziele mit guter Zusammenarbeit und Kommunikation. Dennoch gibt es auch beim Clicker-Training einige Dinge zu beachten:

- Der Clicker zeigt dem Hund punktgenau an, wenn er etwas gut gemacht hat. Der Clicker kann also nicht als Befehls-Signal verwendet werden.
- Ist der Click betätigt, sollte die positive Erwartungshaltung des Hundes niemals enttäuscht werden, d. h., nach dem Click folgt immer eine Belohnung, auch wenn Sie sich vielleicht einmal verclickt haben. Bleibt die Belohnung öfter aus, verliert der Click an Bedeutung für den Hund (vgl. Kapitel „Extinktion").
- Der Clicker sollte nicht zum Rückruf-Signal verwendet werden, dennoch kann er eingesetzt werden, um den Rückruf des Hundes zu trainieren. In der Praxis bedeutet das, dass Sie Ihren Hund mit dem Rückruf-Kommando zurückrufen, und wenn er das gewünschte Verhalten zeigt und in Ihre Richtung kommt, können Sie das mit dem Clicker belohnen. Vergessen Sie anschließend nicht das Leckerli.

Sie sehen: Der Clicker ist mehr als nur ein Werkzeug. Er kann punktgenau gewünschte Verhaltensweisen bestätigen und wird durch die durchweg positive Verstärkung schnell zur Lebenseinstellung. Außerdem fördert er eine gute Kommunikation zwischen dem Hund und seinem Besitzer.

„Shaping-Ketten" – Komplizierte Befehle mit dem Clicker erarbeiten

„Shaping", zu Deutsch, „formen", stellt das fortgeschrittene Clicker-Training dar. Möchte man seinem Hund komplizierte Tricks oder Kommandos beibringen, so wird bei dieser Trainingsmethode die Übung in kleinste Teile zerlegt. Der Hund muss dann in kleinen Schritten selbst herausfinden, was richtig und was falsch ist. Der Fokus dieser Lernmethode liegt also erst einmal weniger auf dem Endergebnis als auf dem Weg dorthin. Jedes noch so kleine Verhalten des Hundes in die richtige Richtung wird hierbei mit dem Clicker belohnt. Der Hund wird hier besonders gefördert, da er sich das Übungsziel selbstständig erarbeiten muss.

Ein Beispiel:

Sie stellen einen kleinen Hocker im Garten auf. Das Ziel ist, dass der Hund mit beiden Vorderpfoten auf dem Hocker steht. Sie sollten sich, bevor Sie die Übung beginnen, überlegen, in welche einzelnen Schritte man diese Übung aufteilen kann. So wissen Sie später auch, welches Verhalten des Hundes Sie belohnen wollen. Sie müssen den Hund schließlich anleiten. Nun kommt der Hund ins Spiel. Folgende Aktionen könnten Sie nun mit dem Clicker belohnen, um den Hund langsam in die richtige Richtung zu lenken:

- Der Hund schaut den Hocker an
- Der Hund läuft auf den Hocker zu
- Der Hund schnüffelt am Hocker
- Der Hund interagiert mit dem Hocker, kratzt oder leckt beispielsweise daran
- Der Hund hebt eine Pfote an
- Der Hund legt eine Pfote auf den Hocker
- Der Hund drückt sich hoch und stellt die 2. Pfote auf den Hocker

Sie können die Übungen dabei gestalten, wie Sie möchten, und Sie können so viele Teilschritte einbauen, wie Ihnen beliebt. Es empfiehlt sich, bei komplizierteren Übungszielen auch mehrere Teilschritte einzufügen und zu belohnen.

Die Methode des Shapings wird im Allgemeinen vorwiegend dazu benutzt, dem Hund Tricks beizubringen. Aber auch einige Kommandos aus dem Grundlagentraining können mit dem Shaping erlernt werden.

Vorteile:

Die Vorteile liegen auf der Hand. Durch das Shaping wird der Hund dazu angeregt, mitzudenken. Er erarbeitet sich seine Trainingsziele und -aufgaben selbst. Das ausschließlich positive Feedback an den Hund und die vielen kleinen Erfolgserlebnisse motivieren und können dazu führen, dass gerade ängstliche Hunde mehr Selbstvertrauen bekommen. Generell geht es hier weniger darum, das Trainingsziel zu erreichen, als darum, dass der Hund seine Persönlichkeit formen und dadurch aufblühen kann.

Nachteile:

Shaping ist nichts für ungeduldige Hundehalter. Man muss sich zunächst daran gewöhnen, dass nicht das Ziel im Fokus steht. Menschen, die sehr erfolgsorientiert denken, werden mit dieser Methode ihre Schwierigkeiten haben. Auch in sehr kleinen Schritten zu denken, fällt einigen zu Beginn oft schwer. Es kann zudem passieren, dass der Hund keine Idee mehr hat und sich hinlegt oder unaufmerksam wird. Das kann daran liegen, dass entweder die Teilschritte zu groß gedacht waren und der Hund nicht versteht, worauf Sie hinaus wollen, oder dass das Timing des Clickerns nicht ganz stimmt, sodass der Hund nicht weiß, welches Verhalten Sie belohnen. Ist dies der Fall, sollten Sie die Übung abbrechen, noch einmal überdenken (vielleicht ist der Schwierigkeitsgrad einfach noch zu hoch) und am nächsten Tag noch einmal probieren. Shaping bietet alles in allem eine wunderbare geistige Auslastung für den Hund. Er muss sich selbst neu erfinden und immer wieder mit neuen Lösungsansätzen kommen. Probieren Sie es doch einmal aus!

BERUHIGUNGSSIGNALE ERARBEITEN: MIT SICHTZEICHEN ZUR SOFORTIGEN ENTSPANNUNG

Mit einem Beruhigungssignal können Sie Ihren Hund über einen längeren Zeitraum in Entspannung versetzen. Doch Vorsicht: Wunder kann auch ein Beruhigungssignal nicht vollbringen. Aufgebaut wird das Signal mithilfe der klassischen Konditionierung. Hierbei wird der entspannte Zustand des Hundes mit einem Signal verknüpft. Dieses kann sowohl verbal als auch ein Sichtzeichen sein. Beliebte Wörter sind beispielsweise „Easy“ oder „Pause“. Sie können auch gleich zu Beginn

Kommando und Sichtzeichen verwenden. Worauf Sie Ihren Hund konditionieren, ist letzten Endes egal. Leichter ist es allerdings, zunächst ein Wort zu verwenden, da Sie der Hund im entspannten Zustand vielleicht nicht anschaut. Später, oder von Beginn an, können Sie dieses schon mit einem Sichtzeichen verknüpfen, wie es im Kapitel „Wie Sie nonverbale Kommunikation zwischen sich und Ihrem Hund etablieren" beschrieben ist.

Der Aufbau:

Am einfachsten ist es, wenn Sie einen entspannten Zustand Ihres Hundes durch Massieren, Bürsten oder einfach nur durch Streicheln erwirken können. Entscheidend ist, dass Sie eine Berührung finden, die Ihren Hund binnen Minuten in einen absoluten Entspannungszustand versetzt. Hat man die richtige Methode gefunden, wird wie folgt vorgegangen: Das Beruhigungssignal wird gesagt oder angezeigt und man beginnt danach mit der entspannenden Berührung.

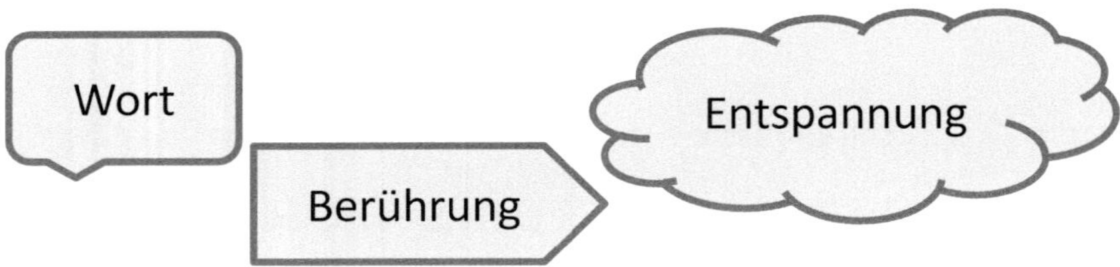

Die Ausschüttung des Hormons Oxytocin im Gehirn des Hundes ist dafür verantwortlich, dass er sich entspannt. Nach einigen Wiederholungen dieser Übung löst alleine das Wort einen entspannten Zustand aus. Es ist zu einem konditionierten Reiz für Entspannung geworden.

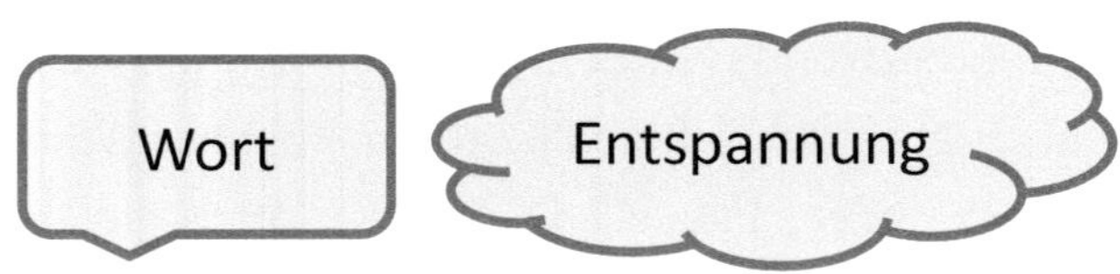

Doch Vorsicht: Konditionierte Entspannung heißt nicht, dass Sie das Wort sagen oder das Sichtzeichen geben und der Hund fällt auf die Seite und schläft. Es bedeutet lediglich, dass man damit den Erregungszustand des Hundes etwas senken kann und ihn so gegebenenfalls wieder ansprechbar für andere Kommandos machen kann.

Soll ein Hund in einer Situation länger entspannt bleiben, wie z. B. beim Tierarzt o. Ä., so eignen sich dafür typische Entspannungstechniken besser als ein konditionierter Reiz.

Das Verhaltenslexikon

WAS WILL MIR MEIN HUND SAGEN?

Es ist nicht immer einfach, zu verstehen, was der eigene Hund einem sagen möchte. Oft hört man von Besitzern: „Ach, könnte er doch sprechen!". Dennoch liegt es an uns, an diesen Verständigungsproblemen zu arbeiten, denn Hunde verstehen den Menschen in den meisten Fällen schon recht gut. Sie sind Meister darin, ihre Besitzer zu lesen, und kennen die Gefühlslage ihres Menschen oft schon vor dem Menschen selbst. Es liegt also an Ihnen, die Sprache Ihres Hundes zu lernen.

KÖRPERSPRACHE

Optische Körpersignale

Die optische Kommunikation erfolgt mithilfe der Ohren, Augen und der Rute sowie des Rückenhaares, der Gliedmaßen und der generellen Körperhaltung und der Haltung des Kopfes. Dennoch ist es auch wichtig, diese Signale nicht aus dem Zusammenhang zu reißen, denn meist muss man den Gesamtausdruck des Hundes mitbetrachten. Ein Schwanzwedeln bedeutet z. B. nicht immer, dass der Hund spielen möchte und aufgeregt ist. Wird die Rute weiter unten gehalten und nur die Spitze leicht hin- und herbewegt, handelt es sich eher um ein unsicheres und nervöses, aber dennoch freundliches Tier.

Körpergröße:

Verändert der Hund seine Körpergröße, sagt das schon einiges über seinen Gemütszustand aus. Ein Hund, der sich beispielsweise groß macht, möchte Selbstsicherheit und Dominanz ausdrücken. Duckt sich der Hund, zeigt das, dass er unsicher und ängstlich ist. Extrem unterwürfige Hunde legen sich vor ihren Artgenossen auf den Rücken und demonstrieren so, dass sie den Artgenossen respektieren und keine Gefahr darstellen.

Kopfhaltung:

Auch wie der Hund seinen Kopf hält, verrät einiges. Dreht der Hund den Kopf seitlich weg, wenn er an einem Artgenossen vorbeigeht, so signalisiert der Hund damit: „Ich möchte keinen Ärger mit dir und ich bin auch keine Gefahr für dich!“. Starren sich Hunde allerdings frontal an, so zeigen sie damit Selbstsicherheit und dass sie eher auf Konfrontation aus sind und keine Angst voreinander haben.

Rutenstellung:

Auch wie der Hund seine Rute hält, sendet viele Signale an die Artgenossen. Schwingt sie freundlich wedelnd von links nach rechts, so zeigt das die positive Erregung des Hundes. Ist die Rute steif nach oben gestellt und wird hin- und herbewegt, so ist das eher ein Signal für: „Ich bin verärgert.“. Ein vorsichtiges Wedeln mit nach unten hängender Rute zeigt Verunsicherung oder Nervosität, soll dem Artgenossen aber auch signalisieren: „Ich bin trotzdem freundlich!“. Ist die Rute zwischen die Beine geklemmt, ist das ein eindeutiges Zeichen für Angst.

Mimik:
Neben der Gestik benutzen Hunde auch die feine Mimik ihres Gesichts, um sich zu verständigen. Dafür werden vor allem die Augen, die Augenbrauen, die Lefzen und die Zähne verwendet. Schaut ein Hund beispielsweise starr geradeaus und die Pupillen sind verengt, so droht er einem Artgenossen. Sind die Pupillen geweitet und die Gesichtszüge entspannt, ist der Blick nur ein Zeichen von Interesse. Ist ein Hund unterwürfig und unsicher, zieht er die Mundwinkel nach hinten. Zeigt er dabei die Zähne, ist das aber eine Drohung. Werden die Lippen nach vorne gezogen und die Eckzähne sind leicht sichtbar, so ist das ein Zeichen für Sicherheit und Entspannung. Auch ein leicht geöffnetes Maul ist ein Zeichen der Entspannung. Gähnt ein Hund, ist das nicht unbedingt ein Signal dafür, dass er müde ist. Er beschwichtigt damit nur seine Artgenossen.

Ohrenstellung:
Zusätzlich zur Mimik des Gesichts ist auch immer die Ohrenstellung zu betrachten. Die Ohrenstellung ist je nach Rasse oft schwer zu lesen. Besonders gut kann man jedoch die Stellung bei Stehohren betrachten. Dabei zeigen nach hinten gerichtete Ohren Unterwerfung oder Angst an, nach vorne gestellte Ohren sind ein Zeichen für Aufmerksamkeit und Sicherheit.

Rückenfell:
Wird das Rückenfell aufgestellt, so ist das ein eindeutiges Zeichen. Der Hund möchte damit größer und wuchtiger erscheinen, als er ist. Das tut ein Hund nur, wenn er eine klare Drohung oder Verärgerung ausdrücken möchte. Aus diesem Grund werden auch oft Hunde mit einem angezüchteten Ridge missverstanden. Rassen wie der Rhodesian Ridgeback haben von Natur aus einen Wirbel auf dem Rücken. Obwohl diese Rassen

nichts dafür können, sehen einige Artgenossen dieses Signal als Drohgebärde an. Deshalb haben es diese Rassen oft besonders schwer mit sozialen Kontakten.

Akustische Körpersignale

Auch die akustischen Signale können so vielfältig sein wie die Körpersprache des Hundes. Allein das deutlichste akustische Signal eines Hundes, nämlich das Bellen, kann so viele verschiedene Bedeutungen haben. Ein freudiges Bellen beim Spielen ist eine Aufforderung, weiterzuspielen. Ein wachsames Bellen am Gartenzaun signalisiert: „Das ist mein Bereich, komm hier nicht rein!". Zudem gibt es das Angstbellen oder ein unsicheres Bellen. Manche Hunde bellen auch, wenn sie frustriert sind oder nicht wissen, was sie tun sollen. Ein Bellen oder eher „wuffen" mit geschlossenem Fang dient dazu, Aufmerksamkeit zu bekommen, oder der Hund möchte auf etwas weit Entferntes hinweisen. Ein Winseln hingegen findet man eher, wenn der Hund z. B. allein ist, oder bei Unruhe und Schmerzen. Hunde heulen, wenn sie nach sozialen Kontakten suchen. Hunde knurren nicht nur als Warnsignal. Es kann auch eine Spielaufforderung sein. Um hier zu differenzieren, muss die restliche Körpersprache des Hundes mit einbezogen werden. Ein wohliges Brummen hingegen sollte nicht mit Knurren verwechselt werden. Das tun Hunde oft, wenn sie gestreichelt werden und es ihnen richtig gut geht.

Olfaktorische Körpersignale

Ganz wichtig und nicht zu vergessen ist die geruchliche Kommunikation zwischen Hunden. Kot- und Urinschnuppern dienen der Revierabgrenzung und Wiedererkennung und sind ganz natürliche Verhaltensweisen. Der Hund hat einen deutlich sensibleren Geruchssinn als der Mensch, welcher durch Training auch noch verstärkt werden kann. Hunde neigen auch dazu, über Urinmarken zu markieren. Vielleicht haben Sie bei Ihrem Hund das Scharren der Pfoten auf dem Boden beobachten können. Das dient zum einen der Duftverteilung durch weitere Duftdrüsen in den Pfoten, aber auch der visuellen Kommunikation zwischen Artgenossen.

HÄUFIG MISSVERSTANDEN: KNURREN ALS WARNSIGNAL

Knurren ist nie persönlich gemeint. Es ist eine Abwehrreaktion, die nicht als respektlos oder bösartig zu sehen ist. Der Hund befindet sich lediglich in einer für ihn unangenehmen Situation und versucht, sich abzugrenzen. Das Knurren zu bestrafen, ist daher falsch. Sie sollten nach den Gründen forschen, warum sich der Hund in bestimmten Situationen unwohl fühlt, und daran arbeiten. Lernt der Hund, das Knurren einzustellen, hat er keine Möglichkeit mehr, sich mitzuteilen, und schnappt im schlimmsten Fall in Angstsituationen ohne Vorwarnung zu.

Gründe für ein Knurren können ganz unterschiedlich sein. Wie bereits beschrieben, kann es daran liegen, dass der Hund sich in einer unangenehmen Situation befindet, aber auch Angst und Schmerzen können dafür verantwortlich sein. Ihr Hund hat sich beispielsweise auf dem Spaziergang an der Pfote verletzt. Das tut ihm weh, daher möchte er Sie davon abhalten, die schmerzende Pfote genauer anzuschauen, und knurrt. Knurren Hunde oft ohne erkennbaren Grund, können sogar Angststörungen dahinterstecken. Durch Fehler in der Erziehung kann es ebenfalls zu vermehrtem Knurren kommen. Hat der Hund beispielsweise nicht gelernt, Frustration auszuhalten, kann es sein, dass der Hund anfängt, zu knurren, wenn seine Bedürfnisse wie Fressen oder Spielen nicht erfüllt werden. Im Gegensatz dazu kann auch eine zu strenge Erziehung dazu führen, dass Hunde vermehrt knurren. Harte Strafen erhöhen zwar die Frustrationstoleranz, doch verliert der Hund dadurch das Vertrauen zum Besitzer und fühlt sich, als müsse er sich ständig vor ihm in Acht nehmen.

Wichtig ist: Hunde knurren meist erst dann, wenn sie sich nicht mehr anders zu helfen wissen. Oft haben sie bereits auf subtilere Art und Weise versucht, Artgenossen oder Menschen durch entsprechende Körpersprache auf Abstand zu halten.

Nehmen Sie dennoch das Knurren Ihres Hundes immer ernst, es ist ein Warnsignal! Wird dieses ignoriert, kann das dazu führen, dass der Hund denkt, deutlicher werden zu müssen, indem er zuschnappt.

AGGRESSION

Genau wie das Knurren auch, zeigt die Aggression Ihres Hundes nicht gleich, dass Sie einen bösen Hund haben. Vielmehr wird auch durch Aggression Unwohlsein seitens des Hundes ausgedrückt. Daher ist es wichtig, auch hier zu fragen: „Warum ist mein Hund aggressiv?“. Aggression wirkt auf den Menschen zunächst abschreckend, aber genau das soll es auch. Es ist ebenso Teil der sozialen Interaktion wie Spielen. Es sieht oft schlimmer aus, als es ist. Zeigt ein Hund Aggression gegen einen Artgenossen, heißt das nicht zwangsläufig, dass er diesen verletzen möchte. Die verschiedenen Formen machen deutlich, welcher Grund hinter dem Verhalten des Hundes stecken könnte.

Selbstverteidigung:
Fühlt sich ein Hund bedrängt und in seiner Freiheit eingeschränkt oder empfindet er die Nähe eines Artgenossen als unangenehm, so äußert sich das häufig in aggressivem Verhalten gegenüber dem Artgenossen. Der Hund folgt damit seinem Instinkt, sein eigenes körperliches Wohl zu sichern. Ähnlich verhält es sich bei der Schutzaggression einer Mutter, wenn sie ihre Welpen in Gefahr wähnt.

Wettbewerb:
Eine der häufigsten Arten der Aggression ist die Wettbewerbsaggression. Hierbei geht es oft um Futter oder das Lieblingsspielzeug des Hundes, welches von einem anderen Hund beansprucht wird. In diesem Fall wird häufig aggressives Verhalten eingesetzt, um das eigene Hab und Gut zu verteidigen. Vor allem in der Natur und bei Wölfen geht es dabei auch oft um die Stellung im Rudel. Es ist tatsächlich so, dass die Hemmschwelle zu aggressivem Verhalten bei unterschiedlichen Hunderassen auch unterschiedlich hoch ist. Es gibt einige Rassen, wie z. B. Jagdhunde oder Herdenschutzhunde, bei denen ein gewisses Maß und eine gewisse Neigung zur Aggression durchaus erwünscht sind, damit sie ihrem traditionellen Job nachgehen können.

Dennoch basiert aggressives Verhalten meist auf den Lernerfahrungen der Hunde. Findet eine Wesensveränderung bei Ihrem Hund statt, d. h., der sonst friedliche Familienhund wird zunehmend aggressiv, können auch immer gesundheitliche Probleme dahinterstecken, wie z. B. eine Dysbalance des Hormonhaushalts. Ist eine solche Veränderung bei Ihrem Hund festzustellen, sollten Sie das unbedingt bei einem Tierarzt abklären lassen.

PLÖTZLICH NICHT MEHR STUBENREIN?

Hunde sind generell sehr saubere Tiere, die nicht freiwillig dorthin machen, wo sie schlafen oder leben. Ist Ihr Hund eigentlich stubenrein, macht aber plötzlich wieder in die Wohnung, gibt es dafür einen Grund, dem Sie unbedingt nachspüren müssen.

Ist Ihr Hund plötzlich nicht mehr stubenrein, kann das ganz unterschiedliche Ursachen haben. Es könnte sich sehr wahrscheinlich um ein gesundheitliches Problem handeln, das nicht einmal besonders schlimm sein muss. Blasenentzündungen beispielsweise führen dazu, dass Hunde ihre Blase nicht mehr kontrollieren können. Oft geht diese allerdings auch mit Fieber und Abgeschlagenheit einher. Diabetes und Nierenerkrankungen können ebenso bei Hunden zu plötzlicher Unsauberkeit führen. Lassen Sie Ihren Vierbeiner daher unbedingt beim Tierarzt durchchecken.

Genauso kann plötzliches Urinieren in die Wohnung aber auch verhaltensbedingte Ursachen haben. Vor allem bei heranwachsenden Hunden kann es vorkommen, dass sie sich unsicher fühlen und sich in der Wohnung erleichtern, um ihre Unterwürfigkeit gegenüber dem Halter zu demonstrieren.

Diesen Hunden sollten Sie nicht dominant gegenübertreten, denn damit verstärken Sie nur die Unsicherheit des Hundes. Aufregung kann ebenfalls ein Grund für plötzliche Unsauberkeit des Hundes sein, ausgelöst durch Freude oder Anspannung. Das passiert in der Regel auch eher jüngeren Hunden. Dem sollte man entgegentreten, indem man z. B. die Begrüßung von Besuch besonders ruhig und entspannt für den Hund gestaltet. Urinieren in der Wohnung kann auch mit dem Markieren zusammenhängen. Es kommt häufig vor, wenn mehrere Hunde in einem Haushalt leben, deren Stellung im Rudel noch nicht ganz geklärt ist.

Passiert das Wasserlassen in der Wohnung vielleicht, wenn Ihr Hund allein ist? Auch das kann passieren, wenn der Hund es nicht gut verkraftet, von seiner Bezugsperson getrennt zu sein. Die Hunde geraten dann in Stress und dieser erschwert die Kontrolle der Blase. Daher ist es ganz wichtig, dass Sie Ihren Hund ganz langsam daran gewöhnen, allein zu bleiben. Zudem ist zu bedenken, dass auch ein völlig gesunder Hund seine Blase irgendwann entleeren muss und nicht stundenlang einhalten kann. Ihm diese Möglichkeit regelmäßig und über den Tag verteilt zu geben, ist daher sehr wichtig.

Häufige Probleme & Lösungsansätze

Kein Hund ist perfekt und wahrscheinlich hat jeder Vierbeiner irgendwo seine Ecken und Kanten. Manche sind nur sehr klein und können ohne Weiteres von den Menschen akzeptiert werden. Andere sind etwas größer und schränken das Zusammenleben zwischen Mensch und Hund dann so ein, dass an diesen gearbeitet werden muss, um ein gutes Miteinander im Alltag gewährleisten zu können. Im Folgenden finden Sie häufige Probleme und Trainingstipps, um diese angehen und lösen zu können.

JAGDVERHALTEN & ANTIJAGDTRAINING

Kaum ein anderes Thema sorgt für so viel Diskussionsstoff und beschert Hundehaltern so viel Kopfzerbrechen, wie das Jagdverhalten des Hundes. Zum Jagen zählt nicht nur die Bereitschaft, ein Beutetier zu verfolgen, sondern auch das Aufstöbern und die Bereitschaft zum Beißen, Töten und Fressen. Zeigt der Hund nur einen Teilbereich, wird das trotzdem als Jagdverhalten gewertet. Die Jagdhunde wurden speziell für die

Jagd gezüchtet, sind daher erblich vorbelastet. Das heißt aber nicht, dass andere Rassen nicht auch den Drang verspüren, hinter vermeintlichen Beutetieren herzujagen.

Durch die Dopamin-Ausschüttung im Gehirn und die Produktion von Endorphinen ist das Jagen belohnend für den Hund und es macht ihm Lust auf Wiederholung. Man kann also als Halter das Jagen nicht einfach verbieten oder durch ein Abbruchsignal stoppen. Der Jagdtrieb kann zudem nicht einfach abgeschaltet oder unterdrückt werden. Dennoch gibt es einige Dinge, die der Halter tun kann, um den Jagdtrieb des eigenen Hundes zu kontrollieren.

Zieht ein junger Hund bei Ihnen ein, kann man von Anfang an etwas dafür tun, dass der Hund keinen besonders großen Jagdtrieb entwickelt. Alles, was man jagen kann, wie z. B. Kaninchen, Rehe, Jogger und Radfahrer, sollte der Kleine bereits früh kennenlernen, aber nicht in einem jagdlichen Kontext. Gehen Sie beispielsweise in einen Tierpark und zeigen Sie dem Hund Rehe und Co. aus der Nähe. Auch sollte im ersten Lebensjahr auf Spiele, die den Jagdtrieb fördern, verzichtet werden. Wichtig ist auch, dass der Hund so lange wie möglich von positiven Jagderlebnissen abgehalten wird. Haben Sie einen älteren Hund an Ihrer Seite, der ein ausgeprägtes Jagdverhalten zeigt, ist es ganz wichtig für Sie, den Moment auszumachen, bevor das Jagen losgeht, also den Moment, in dem Ihr Hund noch für Sie ansprechbar und kontrollierbar ist. Sie müssen genau diesen Moment abpassen, bevor die Suche nach Reizen umspringt zum zielgerichteten Beginn der Jagd und so eine Reizreaktionskette in Gang setzt. Dann ist es nämlich zu spät.

Das Anti-Jagdtraining:

Das Anti-Jagdtraining zielt darauf ab, den Hund davon zu überzeugen, dass es sich lohnt, bei seinem Herrchen zu bleiben – und das nicht nur, weil er ein paar Leckerlis in der Tasche hat. Ein Antijagdtraining ist also kein Training, was dem Hund sein Jagen abtrainiert. Es zielt darauf ab, den Hund und sein Verhalten kontrollierbar zu machen. Es besteht deshalb aus vielen verschiedenen Übungen. Dazu zählen:

- Übungen zur Verbesserung des Grundgehorsams
- Aufmerksamkeitsübungen und Bindungsarbeit
- Umlenken des Jagdtriebs auf gemeinsame Aktivitäten wie Hundesport
- Impulskontrolle
- Abbruch- oder Notfallsignal einführen

Ein erfolgreiches Anti-Jagdtraining erfordert eine Menge Zeit, Geduld und Arbeit, da sich der Jagdtrieb eines Hundes nicht einfach abstellen lässt. Es gibt zudem jede Menge Angebote für Anti-Jagdtraining in Hundeschulen, wo Sie unter Anleitung lernen, wie Sie Ihren Hund besser kontrollieren können. Geben Sie also nicht auf und halten Sie sich vor Augen, wofür Sie arbeiten: für einen entspannten Spaziergang und eine enge Bindung mit Ihrem Hund.

EINRICHTUNG ZERSTÖREN

Der Schock ist groß, wenn man das erste Mal nach Hause kommt und die Wohnung sieht aus wie ein Schlachtfeld. Sie können sich jedoch sicher sein, dass es, auch wenn die Wut groß ist, nichts bringt, den Hund in einer solchen Situation anzuschreien und auszuschimpfen. Außerdem machen Sie die Situation meist noch schlimmer. Also durchatmen, langsam bis 10 zählen und den Hund ignorieren. Dennoch ist mit der Symptombekämpfung durch Aufräumen weder dem Hund noch Ihnen geholfen. Jedes Verhalten hat eine Ursache und Sie müssen nun Ursachenforschung betreiben. Warum könnte Ihr Hund so etwas getan haben? Dazu sollten Sie sich zunächst fragen, wann der Hund seiner Zerstörungswut freien Lauf lässt. Ist das nur, wenn Sie nicht zu Hause sind? Und wenn ja, fängt er an, Dinge zu zerstören, direkt, nachdem Sie das Haus verlassen haben? Oder fängt er erst an, wenn Sie länger fort sind? Hierfür könnten Sie beispielsweise eine Kamera installieren.

Zerstört der Hund Gegenstände erst, nachdem Sie schon länger außer Haus sind, ist es wahrscheinlich einfach die pure Langeweile. Das ist tatsächlich auch die häufigste Ursache dafür, dass Vierbeiner Dinge zerstören. Unterforderte Hunde neigen dazu, sich Aufgaben zu suchen. In diesem Fall ist es die Aufgabe, die Wohnung „auf Vordermann zu bringen". Dem ist einfach Abhilfe geschaffen, indem Sie den Hund gut auslasten, ganz besonders dann, bevor Sie das Haus verlassen. Machen Sie vielleicht einen extra großen Spaziergang mit Ballspielen und schauen Sie, ob der Hund trotzdem noch eine solche Zerstörungswut hat.

Fängt der Hund direkt an, das Haus zu zerlegen, wenn Sie das Haus verlassen, so ist der Grund vermutlich Trennungsangst und Stress. Die Trennungsangst können Sie leider nicht so schnell lösen wie das Langeweile-Problem. Für eine ausgeprägte Angststörung wie Trennungsangst sollten Sie sich unbedingt professionelle Hilfe holen. Es bedarf eines Hundetrainers, der sich das Verhalten Ihres Hundes genau anschaut und Ihren Hund analysiert, um ein auf Sie zugeschnittenes Training zu empfehlen. Hier pauschal einen Trainingsweg vorzuschlagen, wäre nicht hilfreich, da Angststörungen immer individuell bewertet werden sollten.

Es kann auch sein, dass Ihr Hund einfach in einer Phase ist, in der er seine Grenzen austesten möchte. Beispielsweise ist die Pubertät auch bei Hunden eine schwierige Phase, die einiges an Geduld braucht, aber dann auch von allein wieder vorübergeht. Auch Hunde im Zahnwechsel (i. d. R. 3. bis 7. Lebensmonat) suchen sich in dieser Zeit häufig Dinge, die Sie zerkauen können. Sie können dem Kleinen dann helfen, indem er sein eigenes Kau-Spielzeug und gleichzeitig seine Grenzen aufgezeigt bekommt.

Wichtig bei der Ursachenforschung ist: Seien Sie ehrlich zu sich selbst. Fehler in der Hundehaltung können passieren, sei es aus Zeitmangel oder Unwissenheit. Dennoch können Sie das Problem nicht beheben, wenn Sie der Ursache nicht ins Auge blicken.

LEBENSMITTEL STEHLEN

Nur die wenigsten Hunde vergreifen sich am Essen des Menschen, weil sie ihren Hunger stillen wollen. Deshalb gilt auch bei diesem Problem: Der Grund muss gefunden werden, sonst kann das Problem nicht angegangen werden.

Ein Grund für das Stehlen von Lebensmitteln könnte in der Erziehung liegen. Vielleicht weiß Ihr Vierbeiner gar nicht, dass Sie Ihr Essen nicht mit ihm teilen möchten. Das Füttern am Tisch kann dazu führen, dass der Hund den Unterschied zwischen Hunde- und Menschenessen nicht versteht. Deshalb sollten hier klare Grenzen gezogen werden.

Bei manchen Tieren liegt der Grund auch einfach in Langeweile. Sie klauen Essen, weil sie gerade nichts Besseres zu tun haben. Es ist immer wichtig, den Hund richtig auszulasten und zu fordern, sei es durch lange Spaziergänge, Gehorsamstraining oder Hundesport. Vergessen Sie nicht: Hunde wollen nicht nur körperlich, sondern auch geistig gefordert werden.

Gelegenheit macht Diebe. Steht der Teller mit Keksen auf dem Sofatisch genau auf Höhe der Hundenase, ist das natürlich auch sehr verlockend. Machen Sie es Ihrem Vierbeiner nicht schwerer, als es ist, und tun Sie die Kekse vielleicht in eine verschlossene Dose. Generell ist es so, dass Hunde, die in ihrem Leben einmal Hunger leiden mussten, weil sie beispielsweise von der Straße kommen, gelernt haben: „Ich nehme, was ich kriegen kann, wer weiß, wann das nächste Futter kommt!". Gerade wenn die Hunde älter sind, ist es natürlich sehr schwierig, solche Verhaltensmuster zu durchbrechen. Seien Sie hier etwas verständnisvoll. Es gibt wahrscheinlich Schlimmeres als das verschwundene Brötchen vom Teller. Dennoch sollten Sie bei den folgenden Lebensmitteln vorsichtig sein:

- Schokolade (enthält den für Hunde sehr giftigen Stoff Theobromin)
- Weintrauben und Rosinen
- Alkohol und Koffein (die Leber kann beides nicht abbauen = absolut giftig)
- Zwiebeln und Knoblauch (die schwefelhaltigen Verbindungen können zu Nierenversagen führen)
- Rohe Nachtschattengewächse wie Tomaten oder Kartoffeln
- Zuckerersatzstoff Xylit (sehr giftig)
- Stark gewürzte Speisen

Nachwort

Kein Hund ist perfekt und – seien wir mal ehrlich – das muss er auch gar nicht sein. Jeder Hund ist auf seine ganz besondere Art für seinen Halter perfekt. Wir haben ja schließlich auch unsere Fehler und unsere Hunde akzeptieren jeden einzelnen davon und lieben uns so, wie wir sind. Ich hoffe, das Buch konnte Ihnen vermitteln, dass es nicht immer der strenge Weg sein muss und dass man mit positiven Lernmethoden oft größere Erfolge erzielt und nachhaltiger trainiert. Dabei sind die Bindung und das Vertrauen zwischen Ihnen und Ihrem Hund essenziell. Verspielen Sie diese nicht durch eine zu strenge Erziehung und zu viel Bestrafung. Letztendlich ist es doch viel schöner, gemeinsam durchs Leben zu gehen. Das klappt mit einem Hund, zu dem man eine innige Bindung hat, einfach viel besser. Sollten einmal Probleme auftreten, ist das kein Beinbruch. Arbeiten Sie zusammen mit Ihrem Vierbeiner daran, um ihm ein möglichst stressfreies Leben zu ermöglichen. Wir wollen doch alle nur das Beste für unseren Vierbeiner. Der Hund ist und bleibt eben einfach der beste und treueste Freund des Menschen.